二十一世紀
美國海上力量

American marine power in the 21st century

弗雷德·希爾（Free Hill） 著　　西風 譯

本圖：「尼米茲」號航母的前甲板。

當代美國海軍

美國海軍長遠發展的看法總被國防開支削減的趨勢所彌繞著，然而，在維持現存前線海軍艦艇數量上，美國並未失利。美國海軍實力水平的整體構架和對應的造船目標都包含在2011財年長期造船計劃書中。這種計劃書只能隨著國防審評週期每四年全面升級。在考慮了長達30年有效期的計劃期間的種種可能，該計劃書提出了在長時期內需要322～323艘戰鬥艦艇的構想。也就是說，就是要在這30年內造276艘艦船，換算一下是平均每年9.2艘。這個計劃——和之前類似的計劃——引發了相當大的疑慮，意味著冷戰結束以來軍艦建設率一直未達標。然而，建造新船是必要的，事實上，2012財年的五年造船計劃與美國海軍的2012財年預算將針對一些比之前的計劃還要大的訂單。然而，應該指出，大部分的整體進展是通過採購大量相對便宜的小型艦艇，如小型聯合高速船（JHSV）運輸船和瀕海戰鬥艦（LCS）。

在新成立的亨廷頓英格爾斯工業

上圖：美國海軍（United States Navy，簡稱 USN 或 U.S. Navy）是美利堅合眾國軍的一個分支，負責管理所有與海軍有關的事務。其職責為：配備、訓練和武裝一支有能力贏得戰爭、阻止入侵和保證海域自由的海軍戰鬥部隊。美國海軍目前有近 32 萬現役和 11 萬預備役軍人，286 艘現役艦艇和超過 3700 架飛機。

下圖：「小鷹」號航母上的軍械人員在為隸屬於 VF-154「黑騎士」戰鬥機中隊的 F-14A「雄貓」戰鬥機準備目標旗。該旗用於 F/A-18 C「大黃蜂」戰鬥機和 F-14A「雄貓」戰鬥機的打靶練習。

公司紐波特紐斯船廠建造的「福特」級航母「傑拉爾德‧福特」（CVN-78）號是目前已經下水。無論未來怎樣，美國海軍購建項目的發展將邁入一條更合理的和可持續的道路。

從新建造的DDG-1000「朱姆沃爾特」級新一代多用途對地打擊宙斯盾艦的下水，看出美國海軍有意於以較小型的水面艦艇完成修訂的「瀕海戰鬥艦艇計劃」。洛克希德‧馬丁公司的和通用動力公司的瀕海戰鬥艦的設計已經批量生產，在隨後的幾年里，美國海軍計劃共要購買20艘該型艦艇。這兩型戰艦的價格為「自由」號（LCS-1）4.37億美元和「獨立」號（LCS-2）4.32億美元，隨著該戰船已

經有4艘服役，後面戰艦的建造費用還有望降低。新造的LCS-5被命名為「密爾沃基雄鹿」和LCS-6被命名為「傑克遜」（LCS-6）。

美國海軍近來顯著的成功是期待已久的核動力攻擊潛艇的訂單以每年兩艘的速度增加。

協議還批准了使用2011財年的國防經費採購2艘DDG-51型驅逐艦和新的移動登陸艦的目的是作為一個浮動基礎實施兩棲作戰。共有3艘基於「阿拉斯加」商業級的設計艦艇計劃在聖迭戈國家鋼鐵與造船公司的通用動力公

下圖：索馬里外海的「班布里奇」號導彈驅逐艦。2009 年 4 月，它成功地組織了從索馬里海盜手中營救美國商船船長里查德‧菲利普斯的行動。

上圖：2008 年 11 月 12 日，美國海軍「阿利‧伯克」Flight Ⅱ 級「米切爾」號導彈驅逐艦駛離英國樸次茅斯港。
美國海軍決定停止建造更多的「朱姆沃爾特」級導彈驅逐艦，轉而採購該型導彈驅逐艦。

上圖：2009 年 4 月拍攝的海試中的「喬治‧H.W. 布什」號航空母艦，它是美國海軍「尼米茲」級航空母艦的最後一艘。有些不同尋常的是，它在 2009 年 1 月完工之前就正式入役了，但諾斯羅普‧格魯曼公司的紐波特紐斯船廠直到 2009 年 5 月 11 日才將其正式交付美國海軍。當月，「布什」號完成了飛行甲板測試，包括第一次進行飛機彈射和回收。

上圖：作為美國海軍新一代航空母艦，「傑拉德‧R. 福特」號於 2013 年下水。

司建造，總成本約為15億美元。2011年5月27日，國家鋼鐵與造船公司宣告了第一批兩艘戰艦的建造合同，將於2015年起開始開工。

在此期間的整體編隊和主戰艦艇型號總數的暫時穩定，使一些重要的原則性變化籠罩薄霧。因此，這里將美國海軍艦種在過去一段時間的主要發展詳列如下。

航空母艦：終極「尼米茲」級航母「喬治·H.W.布什」號（CVN-77）於2011年5月11日進行了首次作戰部署並駛離諾福克港開始參加在英國撒克遜勇士演習訓練。航空母艦的下一代首艦「傑拉爾德·福特」號（CVN-78），在新成立的亨廷頓英戈爾斯工業集團的紐波特紐斯設備公司的建造

完工，於2013年下水。新航母與先前的「尼米茲」級航母設計有著相似的船型，並且裝備了一系列包括電磁飛機彈射系統（EMALS）、先進的制動裝置（AAG）和一個新型雙波段有源相控陣雷達在內的新型設備。為了得到這些設備與其他的「第一類」要點，再考慮到材料花費上的合理增長，海軍估計將花費至多可達123億美元的採購成本。正在建造的第二艘「福特」級「肯尼迪」號航母將會擁有更好的重物裝載能力，而其下水前的舾裝水平也會得到很大提升。在2013年度財政預算中提及的變動的作

下圖：2009年1月，美國海軍第10艘「尼米茲」級航空母艦「喬治·H.W.布什」號從諾思羅普·格魯曼公司紐波特紐斯造船廠駛出進行第一次海試。

用下，該船的完成工期將會由先前的2020年推遲到2022年，購置成本累計可達114億美元。

　　水面戰艦：隨著老一代冷戰時期的艦艇的穩步退役，美國水面戰鬥艦隊在不久的將來會逐漸向由「阿利‧伯克」級（DDG-51）驅逐艦和「自由」（LCS-1）與「獨立」（LCS-2）級瀕海戰鬥艦組成的雙層艦隊轉變。而剩餘的「奧利弗‧佩里」級（FFG-7）護衛艦將加速退役。目前，已有4艘於2012年退役。除此之外，海軍也計劃於2013年進一步退役5艘該級別護衛艦。事實上，現役的「奧利弗‧佩里」級護衛艦已不足20艘。在2013年度財政預算中，「提康德羅加」級宙斯盾巡洋艦的數目也會快速減少。其中，將有7艘退役，只剩下15艘保持運行狀態。退役的7艘該級別巡洋艦包括了6艘沒有配備彈道導彈防禦系統的巡洋艦和一艘最新服役的「皇家港」號（2009年在夏威夷附近的一次擱淺中被損毀）。

　　據悉，最初的62艘「阿利‧伯克」級驅逐艦的建造工作已經完成。尾艦「邁克‧墨菲」號驅逐艦已提早在2012年10月6日的服役儀式前，於5月份被交付給美國海軍。此外，關於恢復

上圖：美國「尼米茲」級航空母艦「羅納德‧里根」號。這是「里根」號即將服役前進行艦載清洗系統測試的場面，該系統主要用來清除核生化遺留物。

「Flight IIA」改進型「伯克」級驅逐艦建造工作的決議已經被確認：亨廷頓-英格爾斯工業公司將分到「約翰-芬」號（DDG-113）和「拉爾夫-約翰遜」號（DDG-114）的建造任務，而美國通用動力公司旗下的巴斯鋼鐵公司將分配到「拉斐爾‧佩拉爾塔」號（DDG-115）與「托馬斯-哈德那」號（DDG-116）的建造任務。而2017年的財政預算又將計劃完成6艘該級驅逐艦的建造，但這6艘將轉變為配備有新型防空與反導雷達系統（AMDR）的「Flight III」改進型艦艇。由於20世紀80年代基礎的DDG-51型設計將由於過於狹窄而無法容納新型雷達系統的尺寸與供能要求，但重新設計卻會大大增加這份價值25億美元左右的新艦建造費用預算。預計這份新設計將採用大型「朱姆沃爾特」級驅逐艦的船體造型結

構。

由於成本超支，DDG-1000型驅逐艦的建造項目被減少到了3艘。但是美軍已經開始計劃對現役驅逐艦進行提升。巴斯鋼鐵公司在2011年9月15日得到了第二、第三艘DDG-1000型驅逐艦的建造合同。在同年11月，它對第一艘該級別驅逐艦進行了龍骨鋪放儀式，「朱姆沃爾特」號目前已經完工下水。在現有計劃的設想中，「邁克·A.梅蘇爾」號（DDG-1001）將隨後於2015年12月完工，而最新命名的「林頓·B.約翰遜」號（DDG-1002）在2018年9月的完工將會結束這三艘驅逐艦十餘年的建造工作。

下圖：2010年美國海軍復編第十艦隊，統合指揮網絡戰爭指揮部及其他海軍電子作戰部門，成為現役第七艦隊及海軍網戰中樞首腦，屬於沒有配置任何戰鬥船艦的特殊艦隊編制。

與此同時，隨著在2010年談判定下的多年採購安排中訂單的不斷下放，至關重要的瀕海戰鬥艦項目進展也十分順利。2012年3月16日，2012年度財政項目中「自由」級的「小巖城」號（LCS-9）和「蘇城」號（LCS-11）的建造合同和「獨立」級的「加布里埃爾·吉福德斯」號（LCS-10）和「奧馬哈」號（LCS-12）的建造合同分別被洛克希德·馬丁公司和美國奧斯塔船廠拿下。此外早年艦艇的建造也按計劃進行著：在2012年5月成功完成海軍接收測試後，「沃斯堡」號（LCS-3）在2012年9月正式服役；「科羅拉多」號（LCS-4）在2012年1月14日被正式命名。從長遠角度來看，「自由」級艦艇極佳的機動性使它能勝任被派往海灣地區的封閉水域與非洲欠發達的海港的工作部署，而「獨立」

艦艇更好的持久性與載機能力使它更適合在太平洋地區的開發水域作業。

兩棲艦艇：隨著最後一艘「奧斯丁」級（LPD-4）兩棲船塢運輸艦退役，美軍兩棲部隊的力量在過去的一年中縮水很大。「克利夫蘭」號（LPD-8）和「杜比克」號（LPD-8）已在2011年退役，但「龐塞」號在最後時刻得以接受改裝之前被轉為了海上前沿補給基地艦，並於2012年6月1日帶著美國指揮中心的任命離開弗吉尼亞州諾福克郡前往非洲海域。至此，12艘原類型的兩棲運輸艦隻剩下「丹佛」號（LPD-9）還在履行它原定的職能。

此外，用以替代的「聖安東尼奧」級兩棲船塢運輸艦的「聖地亞哥」號（LPD-22）、「安克雷奇」號（LPD-23）和「薩默塞特」號（LPD-23）已服役。

與此同時，韓國現代重工（HHI）在2012年5月31日接到了價值24億美元的第二艘「美國」級兩棲攻擊艦「的黎波里」號（LHA-7）的建造合同。與早期該類型艦艇不同，該級新型艦艇以井型甲板為代價換來了能搭載包括F-35B型聯合攻擊戰鬥機與V-22「魚鷹」式傾轉旋翼機在內的加強型載

上圖：1988年，F-14「雄貓」戰鬥機編隊從航行在地中海上的「尼米茲」級核動力航空母艦「艾森豪威爾」號的上空掠過。「尼米茲」級滿載排水量95000噸，屬於全方位多用途航空母艦，它綜合了「埃塞克斯」級航空母艦的反潛作戰能力。第一批3艘「尼米茲」級航空母艦的作戰性能與其他航空母艦相比有著明顯的差別。

機能力。長257米，滿載排水量約為45000噸——這已經超過了美國大部分航母並接近了英國皇家海軍「伊麗莎白女王」號航母的規格。「美國」號（LHA-6）兩棲攻擊艦已在2012年6月4日下水並將於2014年年底交付海軍。第三艘未命名的該類型艦艇（LHA-8）的建造計劃被推遲到2017年的財政計劃中。它將被重新設計以加強內部的入塢能力。

另外的兩艘新型機動平台登陸艦

的訂單也下達，預計將被分別命名為「蒙特福特角」號（T-MPL-1）和「約翰‧格雷」號（T-MPL-2）。第一艘船的龍骨已經在2012年1月19日於通用動力公司在聖地亞哥的鋼鐵造船廠完成鋪設，預計將在2015年完工。新船基於商用的「阿拉斯加」級油輪的設計，將由美國軍事海運司令部掌控，通過在氣墊登陸艇（LCAC）行動中扮演中轉樞紐的角色以促進裝備與軍隊從運輸艦（例如聯合高速運輸艦）到海濱的轉移。新船在最初的設計中一共會有3條氣墊登陸艇跑道。這些跑道還有其他功能。舉例來說，它們可以被延長來支持直升機的行動。與此同時，被縮減的聯合高速運輸艦項目也已開始展現成果：第一艘「先鋒」號聯合高速運輸艦（JHSV-1）在2012年下半年被交付給軍事海運司令部之前已於當年4月完成建造方的海試；而價值16億美元的10艘聯合高速運輸艦的項目中，第6和第7艘艦艇的訂單也在2011年6月4號敲定，另外兩艘JHSV-8和JHSV-9的建造合同則於2012年2月定了下來。

潛艇：「弗吉尼亞」級攻擊核潛艇的建設可以說是美國主要的成功採購項目之一。其中，第9艘該類型潛艇「密西西比」號（SSN-782）提前一年的完工創造了一項新的紀錄。該潛艇由美國通用動力電船分公司建造，於2012年5月2日交付，並在一個月後的6月3日正式服役。而第十艘也是最後一艘Flight II型潛艇「明尼蘇達」號（SSN-783）在2013年交付使用。此後海軍關注的重點將會轉移到改進後的Flight III型潛艇上來。該潛艇配備了一個升級後的艏聲吶裝置與替代了早期潛艇單筒發射管的雙筒發射管。2013年度財政預算將會提出建造第7和第8艘Flight III型潛艇的計劃。在Flight V型潛艇出現之前，隨後的訂單都將會用於購買作出輕微改進的Flight IV型潛艇。Flight V型潛艇將會嘗試通過安裝「弗吉尼亞」級導彈有效載荷組件來複製「俄亥俄」級（SSGN）巡航導彈潛艇的火力模式。這一組件甚至包括了四組額外的至多能發射28顆「戰斧」巡航導彈及同等級導彈的大口徑發射管。此外，美軍還在考慮一個替換這14艘保留有最初的威懾能力的「俄亥俄」級潛艇的計劃。但是2013年度的財政預算把向第一艘替代潛艇提供資金的計劃推遲到了2021年。這些所謂的SSBN（X）型潛艇將會擁有相同的導彈艙。而英國用以替換「前

上兩圖：美國海岸警衛隊是美國綜合海洋能力的一個重要組成部分，正在推進其現代化計劃。這是第一艘國家安全巡防艦「伯瑟夫」號正在試航。

衛」級的「繼承者」級潛艇採用的也是這種導彈艙。

在「弗吉尼亞」級潛艇到來之前，現役現代化的「洛杉磯」級（SSN-688）潛艇仍然將是美國海軍水下能力的核心力量。該級別潛艇的數量在過去的一年中並沒有發生改變。但是在緬因州的樸次茅斯海軍造船廠，由於在開始改裝不久後其前艙在2012年5月23號遭受到了一次嚴重的火災，「邁阿密」號潛艇可能會因此宣佈完全報廢。

從行動上而言，雖然沒有了像2011年3月初打擊利比亞卡扎菲效忠派部隊那樣高強度的海軍任務，美國海軍在過去2012年仍然保持了十分繁忙的狀態。海軍除了進行日常任務之外，還要為支持長遠目標而做出大量努力，特別是在導彈防禦項目上。而這其中就包括了對更具能力的標準

下圖：「提康德羅加」級巡洋艦是美國海軍所屬第一種配備宙斯盾（AEGIS）系統的作戰用艦船，其特色為配備以 AN/SPY-1 艦用相位陣列雷達為核心的整合式水面作戰系統（宙斯盾巡洋艦）。「提康德羅加」級原本被定義為導向導彈驅逐艦（DDG），1980 年 1 月 1 日被提升為導向導彈巡洋艦（CG）。美國海軍共建造過 27 艘「提康德羅加」級巡洋艦，在美國海軍的作戰編制上，本級巡洋艦是作為航空母艦戰鬥群（CVBG）與兩棲攻擊戰鬥群的主要指揮中心，以及為航空母艦提供保護。

上圖：「俄亥俄」級核潛艇是當代世界上威力最大的核潛艇，它是美國第四代彈道導彈核潛艇。現今，共有18艘「俄亥俄」級潛艇在美國海軍中服役，其中14艘為彈道導彈核潛艇，每艘均裝備有24枚三叉戟潛射彈道導彈，故這些潛艇也被稱為「三叉戟」級潛艇，提供美國貫徹「核三位一體」思想的戰略核武器庫的海基力量。另外4艘為巡航導彈核潛艇，每艘均能夠攜帶多達154枚常規彈頭的戰斧巡航導彈。

SM-3型彈道導彈攔截器的Block 1B衍生型進行的測試。

　　美國海岸警衛隊的重組計劃也正在繼續進行著。新型「傳奇」級國家安全艦「巴索夫」號（WMSL-750）的不斷到來意味著20世紀60年代的「漢密爾頓」級（WHEC-715）艦艇的退役工作的展開。然而把計劃訂單中的艦艇從10艘削減到6艘卻會造成海岸警衛隊艦隊「尖端力量」的能力斷層。在另一方面，第一艘「哨兵」級快速反應巡邏艇「伯納德‧C.韋伯」號（WPC-1101）已於2012年4月14日正式服役。2011年9月海軍宣佈下達進一步

的4艘艦艇訂單，而最終預計美軍將建造至多可達58艘的快速反應巡邏艇。這些巡邏艇基於達曼斯坦4708型設計，排水量為350噸左右，最高時速28節，並配有25毫米小炮和重型機槍。此外，招募建造中型近海巡邏艇的投標申請工作也取得了進展。這種近海巡邏艇將會擁有與「傳奇」級安全艦相似的武器裝備，但採用的卻是更為簡單的柴油推進裝置或柴-電推進裝置。在選擇好最終的設計方案之後，最高可達80億美元的資金將被用於建造至多25艘的此類近海巡邏艇。

航空母艦
Aircraft Carriers

航空母艦是美國海軍的核心力量，現在美國以10艘（目前）「尼米茲」級核動力航母（CVN）為主要基礎力量。這些航空母艦構成了包括護航艦和供給艦的航母戰鬥群的核心。它們的主要作用是「前沿駐守」。這意味著它們在和平年代針對潛在入侵者提供了一種值得信賴的、持續的、常規的威懾力量，而在戰時則構成了美國海外遠征部隊的戰鬥核心。實際上，航母的航空力量既可以被部署為獨立力量，應對任何海面、陸地和空中威脅，並阻止敵方使用水道，又可以被部署協助地面行動。

本圖：在執行完支持「持久自由行動」的部署後，「卡爾·文森」號進入珍珠港水道，輪值休整。

「尼米茲」級

「尼米茲」級核動力航空母艦

　　起初，首批3艘「尼米茲」級核動力航空母艦主要設計用來替代老式的「中途島」級航空母艦。作為迄今為止美國建造的噸位大、威力超強的航空母艦，「尼米茲」級擁有兩座核反應堆，這與早期的「企業」號核動力航空母艦的8座核反應堆形成了鮮明的對比。「尼米茲」級的彈藥庫設置在核反應堆中間和前面，這種做法增加了可以利用的內部空間，能夠攜帶2570噸的航空武器和1060萬升的飛機燃油，這些物資足夠艦載機聯隊進行16天不間斷的飛行作戰。此外，該級航空母艦還安裝了和「肯尼迪」號完全相同的魚雷防護裝置和電子裝置。

　　在標準條件下，「尼米茲」級的A4W型核反應堆燃料的使用壽命是13年左右，可確保航空母艦行駛1287440～1609300千米，而後才更換反應堆燃料。

　　作為美國海軍主要的兵力投送手段，「尼米茲」級航空母頻頻出現在世界各個熱點地區。

　　該級航空母艦上的戰鬥數據系統，是以「海麻雀」導彈的海軍戰術和高級戰鬥引導系統為基礎進行安裝的。此外，「尼米茲」號安裝了雷聲公司研製的SSDS Mk 2 Mod 0型艦船自我防禦系統，該系統通過整合和協調艦載武器系統和電子戰系統，能夠針對來襲的反艦巡航導彈進行自我防護。

下圖：在西太平洋進行的軍事行動中，一架 F/A-18「大黃蜂」戰鬥機從「小鷹」號（CV63）的飛行甲板上彈射起飛。

飛行甲板

飛行甲板的面積為 1.8 公頃（4.5 英畝），安裝有 4 台飛機彈射器。在艦尾配置 4 根攔阻索用於回收飛機。通常情況下，飛行員們會瞄準第三條攔阻索進行專業技術訓練。甲板下面的機庫幾乎覆蓋整個艦體長度。在該級航空母艦之上，將近一半的艦員從事艦載機聯隊的工作。航空母艦所搭載的標準艦載機聯隊由 E-2C「鷹眼」預警機、EA-6B「徘徊者」電子干擾機、F/A-18C/D「大黃蜂」戰鬥攻擊機、F/A-18E/F「超級大黃蜂」戰鬥攻擊機、H-60 直升機和 S-2B「海盜」反潛機組成。

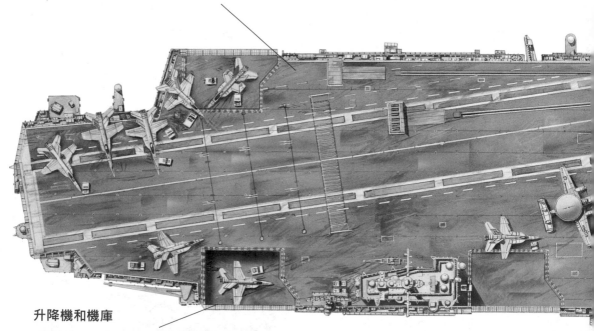

升降機和機庫

「尼米茲」級航空母艦的飛行甲板設計與「約翰‧肯尼迪」號相似，同樣有 4 台甲板邊緣飛機升降機，擴大了機庫頂部空間，使其高達 7.77 米。另外，航空燃料的儲存量可達 1059916 公升（280000 美制加侖），同時也擴大了彈藥庫的容量，可容納約 2600 噸的飛機彈藥，能夠使航空母艦進行持續作戰。

電子系統

「尼米茲」級配備的電子系統包括：SPS-48E 型三維對空搜索雷達、SPS-49（V）5 型二維對空搜索雷達和 3 部 Mk 91Mod 1 型導彈火控系統指揮儀，艦上還安裝有 1 部 SLQ-32（V）4 型電子戰系統和 1 部 WLR-1H 型電子戰支援系統。

飛機彈射器

「尼米茲」級航空母艦安裝 4 座蒸汽彈射器，每台可彈射重量達 37700 千克的飛機，飛行速度達到 91 米 / 秒，彈射器產生的推力要根據飛機的重量而定。「尼米茲」級的飛行甲板最多能在 60 秒內起飛 4 架飛機。

飛行甲板

「尼米茲」級航空母艦的4台飛機升降機安裝在飛行甲板的邊緣，其中2台位於航空母艦前部，1台位於右舷島形上層建築的後部，1台位於左舷艦艉處。機庫高約7.80米，所容納的飛機數量與其他航空母艦相同。但通常情況下，僅有一半的艦載機停放在機庫內，其餘艦載機停放在飛行甲板的機位上。飛行甲板面積為333米×77米，其中斜角飛行甲板長237.70米。「尼米茲」級配置4套飛機制動索和1套制動網用於回收艦載機。此外，該級航空母艦還配置了4台蒸汽飛機彈射器，其中2台安裝在艦艏位置，另外2台安裝在斜角飛行甲板之上。有了這些飛機彈射器，「尼米茲」級每20秒能夠起飛1架飛機。

艦載機聯隊

在21世紀初期，美國海軍一支艦載機聯隊的標準配置為：20架F-14D「雄貓」戰鬥機（當時承擔一定程度的打擊任務，現已退役）、36架F/A-18「大黃蜂」戰鬥機、8架S-3A/B「海盜」、4架E-2C「鷹眼」、4架EA-6B「徘徊者」、4架SH-60F和2架HH-60H「海鷹」直升機。艦載機聯隊可以根據不同的作戰需要採取不同的機型構成。例如1994年在海地附近海域的維和行動中，「艾森豪威爾」號航空母艦上搭載的是50架美國陸軍直升機，而非通常的艦載機聯隊。

「尼米茲」號航空母艦

「尼米茲」號航空母艦是美國建造的第二艘核動力航空母艦，是「尼米茲」級的首船，舷號為CVN-68。該艦由美國紐波特紐斯造船公司建造。1968年6月動工，1972年5月下水，1975年5月服役。最先被編入大西洋艦隊，母港為東海岸的諾福克港。「尼米茲」號（CVN-68）參加了1980年的伊朗人質救援行動，在行動中作為美軍特種部隊的海上基地，但這次行動最終以失敗而告終。1981年，「尼米茲」號上的艦載機聯隊參加了轟炸利比亞的戰鬥行動。

1983年6月至1984年9月進船廠大修期間，增添和更新了一些設備。1987年，「尼米茲」號從大西洋艦隊轉隸太平洋艦隊，在接下來的10年內多次赴波斯灣和亞洲海域執行部署任務。

右圖：RIM-116 型導彈，是反巡航導彈的專用武器。

下圖：航空母艦裝備的 RIM-7「海麻雀」導彈防禦武器（「海麻雀」導彈安裝在 Mk-29 八聯裝發射架上）。

左圖：防禦近距離水面威脅的最好方法無疑是0.50英吋（12.7毫米）機槍，安裝在航空母艦的機庫部位。

「密集陣」系統

飛行前甲板的兩側安裝有「密集陣」近戰武器系統，該系統獨立於其他艦載武器系統，因此，在其他關鍵系統因為戰鬥損傷或艦員無能而無法使用時，「密集陣」系統也能夠提供近戰防禦。AIM-116「拉姆」艦對空導彈發射架安裝在前飛行甲板的右舷側。

動力系統

兩座核反應堆可驅動「尼米茲」號的4台蒸汽渦輪發動機、4台應急柴油機，核動力系統能使該艦的速度達到30節（56千米／小時），航程幾乎無限。

1998年，「尼米茲」號
返回諾福克接受一項為
期兩年的燃料裝填和整
修工程。

右圖：Mk-15型六管20毫米「火
神」密集陣近戰武器系統屬於一
套自動化武器系統，是防禦導彈
和飛機襲擊的最後一道屏障。

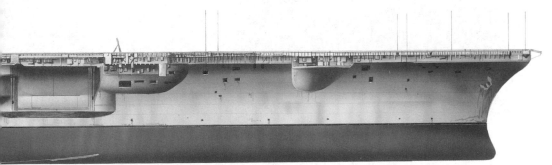

艦員

「尼米茲」號的標準艦員編制大約6000人，搭載可供70天使用的食物，淡水由4套蒸餾設備生產，每天
可加工1514160升海水供艦員和動力設備使用。5名牙科醫生和6名醫生負責艦員的牙齒和醫療服務，還有
1名普通外科醫生，艦上有53個醫用床位，以便在戰時發揮醫院船的作用。

「尼米茲」號航空母艦性能數據

排水量：81600 噸（標準），91487 噸（滿載）

艦體尺寸：長 317 米；寬 40.80 米；吃水 11.30 米

飛行甲板：長 332.90 米；寬 76.80 米

推進系統：2 座 A4W/A1G 型核反應堆驅動 4 台蒸汽渦輪機，輸出功率 208795 千瓦，4 軸驅動

航速：30 節

電子裝置

1 部 SPS48E 型 3D 對空搜索雷達，1 部 SPS-49（V）5 型對空搜索雷達，1 部 SPS-67V 型對海搜索雷達，
1 部 SPS-67（V）9 型導航雷達，5 套飛機降落輔助裝置（SPN-41 型、SPN-43B 型、SPN-44 型和 2 套
SPN-46 型），1 部 URN-20 型「塔康」系統，6 部 Mk 95 型火控雷達，1 部 SLQ-32（V）4 型電子支援裝置，
4 部 Mk36 超級 RBOC 干擾物投放器，1 套 SSTDS 魚雷防禦系統，1 套 SLQ-36「尼克斯」聲吶防禦系統，
1 套 ACDS 戰鬥數據系統，1 部 JMCIS 戰鬥數據系統，4 套特高頻和 1 套超高頻衛星通信系統

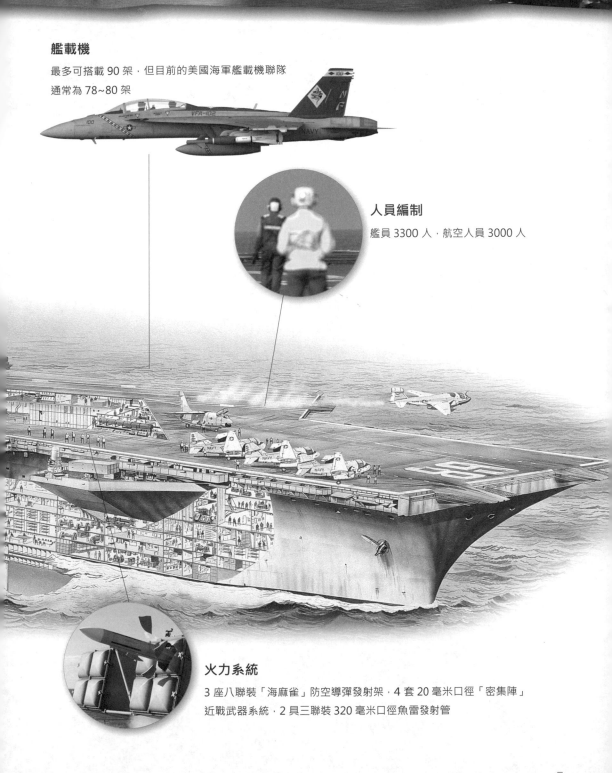

艦載機

最多可搭載 90 架，但目前的美國海軍艦載機聯隊
通常為 78~80 架

人員編制

艦員 3300 人，航空人員 3000 人

火力系統

3 座八聯裝「海麻雀」防空導彈發射架，4 套 20 毫米口徑「密集陣」
近戰武器系統，2 具三聯裝 320 毫米口徑魚雷發射管

「艾森豪威爾」號

「艾森豪威爾」號航空母艦（CVN-69）是美國「尼米茲」級核動力航空母艦里的2號艦。艦名取自美國第34屆總統德懷特‧D.艾森豪威爾。「艾森豪威爾」號1970年開工建造，1975年下水，1977年開始服役。1977年10月，「德懷特‧D.艾森豪威爾」號航空母艦編入美國海軍大西洋艦隊服役，此後先後8次赴地中海執行部署任務。1990年，伊拉克入侵科威特，「艾森豪威爾」號最早對此做出反應。1994年，赴海地周邊海域支援維和行動。接下來，該艦又多次赴波斯灣執行部署任務，支援美國在該地區的外交和軍事決策。

「艾森豪威爾」號航空母艦飛行甲板上裝有4座供飛機起飛用的蒸汽彈射器。彈射率為每20秒鐘1架，7~8分鐘即可起飛一個飛行中隊。每天能出動200多架次飛機，執行遠距離攻擊任務。「艾森豪威爾」號採用核動力，因而比其他大型常規動力航空母艦具有更大的戰鬥效能和威懾力。艦裝核燃料可持續使用13年，最大航速33節，持續航行力80萬~130萬海里。艦載飛機燃料10000噸，可以保證艦載機進行16天的飛行行動。艦上還裝備航行補給設備，可在20節的航速下接受補給，補給量為每小時200噸。

上圖：水手們在「艾森豪威爾」號航空母艦的甲板上排出「IKE2000」字樣，以慶祝在新千年成功完成地中海部署任務。伴行「艾森豪威爾」號的是導彈巡洋艦「安齊奧」號（CG68）和「聖喬治」號（CG71）。

右圖：在地中海的常規部署行動中，「艾森豪威爾」號航空母艦的甲板上的 AGM-154 型 GPS 制導武器。

左圖：「艾森豪威爾」號司令官坐在艦長椅上，監控在大西洋上的「艾森豪威爾」號和「企業」號之間進行的軍火裝載和卸載。

本圖：「艾森豪威爾」號航行中的尾視圖。在飛行甲板下面的船尾甲板有密集陣20毫米近程防禦武器系統以及噴氣引擎試驗台。

上圖：「艾森豪威爾」號航空母艦發射一枚 RIM-116 全天候艦載防禦源滾體導彈。

 # 「卡爾‧文森」號

美國海軍「卡爾‧文森」號核動力航空母艦1980年以美國國會議員卡爾‧文森命名，編號CVN-70，是美國海軍「尼米茲」級航母的3號艦。自1982年3月13日服役編入美國海軍太平洋艦隊以來，「卡爾‧文森」號航空母艦（CVN-70）在太平洋、印度洋和阿拉伯海海域已經多次執行部署任務。「卡爾‧文森」號還參加了阿富汗戰爭，並在其中發揮了重要作用。

下圖：「卡爾‧文森」號從香港起航，進入西太平洋的自由集結。這樣的軍事部署會持續6個月，航母戰鬥群會進入波斯灣和其他行動區域。

左圖：在本幅照片中，停放在美國海軍「卡爾·文森」號航空母艦飛行甲板上的飛機數量佔到了一支艦載機聯隊的三分之一。在執行打擊任務的艦載機之中，絕大多數飛機不但能夠進行空對空作戰，還能夠實施對地攻擊。

下圖：在南加利福尼亞海岸附近執行預備部署任務的「卡爾·文森」號航母上。

下圖：在執行完「持久自由行動」的部署後，「卡爾·文森」號進入珍珠港水道輪值休整。

本圖：在完成一次遠征軍事部署後，「卡爾·文森」號航母抵達母港——華盛頓的佈雷莫頓。

「羅斯福」號

「西奧多·羅斯福」號航空母艦是美國「尼米茲」級核動力航空母艦的4號艦，起造於1981年，於1984年正式下水。西奧多·羅斯福是美國第26任總統。

「羅斯福」號雖然是以「尼米茲」級航空母艦的身份建造的，後6艘改進型「尼米茲」級核動力航空母艦均在關鍵部位加裝了「凱夫拉爾」防護裝甲，並裝備了經過改進的艦體防護裝置。

與前面的3艘「尼米茲」級航空母艦相比，改進型「尼米茲」級的艦寬多出2米，滿載排水量超過102000噸（在某些情況下甚至超過106000噸）。在人員編制構成中，艦員3184人（軍官203人），艦載機聯隊人員2800人（軍官366人），信號人員70人（軍官25人）。

電子戰

雷聲公司研製的AN/SLQ-32（Ⅴ）型電子戰系統，借助兩套天線系統對敵方雷達的脈衝重複速率、掃瞄模式、掃瞄週期和頻率進行系統分析，能夠探測和發現敵方雷達發射機。該電子戰系統通過識別威脅類型和方向，為艦載電子對抗系統提供預警信號和界面。

第一艘改進型「尼米茲」級航空母艦是「西奧多·羅斯福」號航空母艦（CVN-71），於1986年10月編入現役，不久後參加了海灣戰爭。

「羅斯福」號航空母艦性能數據

排水量：81600 噸（標準），91487 噸（滿載）

艦體尺寸：長 317 米；寬 40.80 米；吃水 11.30 米

飛行甲板：長 332.90 米；寬 76.80 米

推進系統：2 座 A4W/A1G 型核反應堆驅動 4 台蒸汽渦輪機，輸出功率 208795 千瓦，4 軸驅動

航速：35 節

火力系統

3 座八聯裝「海麻雀」防空導彈發射架，4 套 20 毫米口徑「密集陣」
近戰武器系統，2 具三聯裝 320 毫米口徑魚雷發射管

艦載機

最多可搭載 90 架，但目前的美國海軍艦載機聯隊通
常為 78~80 架

電子裝置

（首批 3 艘航空母艦）1 部 SPS48E 型 3D 對空搜索雷達，
1 部 SPS-49（Ｖ）5 型對空搜索雷達，1 部 SPS-67V 型對
海搜索雷達，1 部 SPS-67（Ｖ）9 型導航雷達，5 套飛機
降落輔助裝置（SPN-41 型、SPN-43B 型、SPN-44 型和
2 套 SPN-46 型），1 部 URN-20 型「塔康」系統，6 部
Mk 95 型火控雷達，1 部 SLQ-32（Ｖ）4 型電子支援裝置，
4 部 Mk36 超級 RBOC 干擾物投放器，1 套 SSTDS 魚雷
防禦系統，1 套 SLQ-36「尼克斯」聲吶防禦系統，1 套
ACDS 戰鬥數據系統，1 部 JMCIS 戰鬥數據系統，4 套特
高頻和 1 套超高頻衛星通信系統

人員編制

艦員 3300 人，航空人員 3000 人

內部景觀

航母飛行甲板是世界上最撼人心魄同時也是最為危險的工作場所。甲板上的流暢作業有賴於一絲不苟的嚴苛管理

1. 飛行引導：飛行主控室（Pri-Fly）內，飛行官（左）與助理飛行官（右）負責引導航母飛行甲板及周邊 8 千米（5 英里）範圍內的所有艦載機。
2. 裝備：飛行官與助理飛行官借助各類計算機及通信裝備實施飛行引導。
3. 視野：主控室裝有可俯瞰飛行甲板的大型玻璃窗，從而可為飛行官提供極佳的視野，有助於對艦載機實施引導。
4. 飛機起落指揮官：返程艦載機在距母艦 1.2 千米（0.75 英里）時便由起落指揮官接掌飛行控制工作，引導戰機安全降落於航母甲板。
5. 鷹架：飛行主控室外設有一綽號「鷹架」的外凸平台，艦員可在此俯瞰戰機起降全過程。
6. 飛行主控室位於島式上層建築中，下面一層便是艦長指揮室。

下圖:「西奧多·羅斯福」號航空母艦。

上圖:在美國海軍「西奧多·羅斯福」號航空母艦
(CVN-71)的控制中心內,水兵們正在面板上繪
製艦船動態圖。

右圖:「美洲豹」直升機正在為「西奧多·羅斯福」
號補充給養。

「林肯」號

「亞伯拉罕‧林肯」號（CVN-72）於1989年11月服役，它所執行的第一項重大任務就是當Pinatubo火山爆發時，從菲律賓撤運出美國軍隊。

「亞伯拉罕‧林肯」號是以帶領美國走過南北戰爭的第16任總統亞伯拉罕‧林肯為名，是美國海軍第2艘使用該總統名字命名的戰艦。第一艘是1960年時下水的「林肯」號（SSBN-602）「華盛頓」級核動力彈道潛艇。「亞伯拉罕‧林肯」號是美國海軍的第5艘「尼米茲」級航空母艦。1991年5月28日，「亞伯拉罕‧林肯」號開赴印度洋，參加海灣戰爭，在阿拉伯海大約停留3個月時間。

1993年6月15日，「亞伯拉罕‧林肯」號離開阿拉梅達港，到香港進行訪問，然後開赴阿拉伯海，對伊拉克南部地區執行禁飛任務。

1993年10月8日，「亞伯拉罕‧林肯」號開往非洲索馬里，協助聯合國的有關行動。大約有4個星期的時間，從「林肯」號上起飛的飛機不斷地在索馬里首都摩加迪沙及其周圍地區的上空巡邏，支援地面部隊的行動。

上圖：「亞伯拉罕·林肯」號上的軍火。「伊拉克自由行動」中，在 GPS 制導炸彈被裝上飛機前，暫時停放在這里。

上圖：「亞伯拉罕·林肯」號。

下圖：「亞伯拉罕·林肯」號在結束了近 10 個月的艱苦支持「伊拉克自由」行動的部署後，返回母港——華盛頓州的埃弗雷特。

「華盛頓」號

「喬治・華盛頓」號（CVN-73）核動力航空母艦，簡稱為「華盛頓」號，是「尼米茲」級核動力航空母艦的6號艦。「喬治・華盛頓」號於1992年7月服役，2008年編入第七艦隊，取代退役的「小鷹」號常規動力航空母艦。以日本神奈川縣橫須賀為母港的「華盛頓」號，是史上第一艘駐紮於日本境內的核動力艦艇。

上圖：「喬治·華盛頓」號核動力航空母艦。從直升機舷窗望出去，正把物資卸載到飛行甲板上。

本圖：一架 SH-60F「海鷹」在「喬治·華盛頓」
號核動力航空母艦上方。

 # 「斯坦尼斯」號

「約翰·C. 斯坦尼斯」號（CVN-74）航空母艦，是美國「尼米茲」級核動力航空母艦的7號艦，於1993年下水，1995年12月9日正式服役。

「斯坦尼斯」號航母及其艦載第九艦載機聯隊（CVW-9）的主要任務是在全球軍事行動中能夠持續地進行戰鬥任務。CVW-9包括8~9個戰鬥機中隊，使用機種包括F/A-18「大黃蜂」戰鬥機、EA-6B「徘徊者」電子反制機、S-3B反潛機、E-2C「鷹眼」預警機與SH-60「海鷹」式直升機等。CVW-9具有能夠摧毀敵人作戰飛機、艦艇、潛艇和陸地目標等裝備設施，或者進行遠距離空中佈雷任務的能力，所以它經常被作為主要的進攻力量，支援陸地戰鬥，保護航空母艦戰鬥群和其他友艦的安全，並且還能夠完成海上和陸地封鎖任務。

本圖：「斯坦尼斯」號（CVN-74）航母。

在執行任務時「斯坦尼斯」號通常是整個航空母艦戰鬥群的核心，而戰鬥群中通常還包含有4~6艘其他的各型軍艦作為支援。「斯坦尼斯」號航空母艦最航速高達35節。艦上的4具蒸汽彈射器和4條攔截索可應付作戰飛機的起降，而斜向配置的降落甲板與足夠大的面積能同時進行戰機起飛與降落的任務，大幅提高作戰效率。通常情況下「斯坦尼斯」號航空母艦攜帶大約300萬加侖的燃油，主要是供給它的艦載機和護航艦使用，另外它還儲藏了大量的武器彈藥，以供長時間在海外執行作戰勤務的需要。「斯坦尼斯」號具有很強的自我維修能力，艦上配屬了一個飛機維修部門以修復中度損壞的飛機，還有一個微電子裝備修復部門和幾個艦艇維修部門。

「杜魯門」號

「哈里・S. 杜魯門」號（CVN-75）航空母艦是美國「尼米茲」級核動力航空母艦的8號艦，1993年起造，1996年下水，1998年7月編入美國大西洋艦隊服役。「杜魯門」號是以美國第33任總統哈里・S. 杜魯門名字命名。

下圖：2003 年 3 月，美國海軍「哈里・S. 杜魯門」號航空母艦（CVN-75）在東地中海海域游弋。當時，「杜魯門」號奉命支援「伊拉克自由」行動，與盟國軍隊一道參加消除伊拉克的大規模殺傷性武器、終結薩達姆・侯賽因政權的戰爭。

右圖：美國海軍發展「海軍戰鬥無人機」項目，主要是為了驗證在「網絡中心戰」（基於網絡的指揮與控制作戰）的概念下，創建一種可以執行對敵防空壓制、打擊和監視任務的海軍無人戰鬥航空系統的可行性。

下圖：美國海軍「哈里·S. 杜魯門」號（CVN-75）飛行甲板的面積相當於 3 個足球場的大小，所搭載的艦載機聯隊的規模甚至比一些國家的空軍部隊還要強大。航空母艦是支撐美國外交政策的強有力的柱石。

左圖：停放在「杜魯門」號航空母艦機庫中的F-14戰鬥機在進行維修。

本圖：「杜魯門」號航空母艦。

下圖和右圖：在伊麗莎
白河上，拖船引領「杜
魯門」號航空母艦經過
弗吉尼亞的樸次茅斯的
旅遊酒店，前往諾福克
的海軍修船廠。

「里根」號

「羅納德‧里根」號（CVN-76）航空母艦是美國「尼米茲」級核動力航空母艦的9號艦。「羅納德‧里根」號是以美國第40任總統羅納德‧里根為名，2001年時完工下水時，南希‧里根夫人主持了艦船命名儀式。

「羅納德‧里根」號的母港為加州的聖地亞哥港，目前隸屬於美國太平洋艦隊。

本圖：正在進行服役前海試的「里根」號經過弗吉尼亞州的福特‧斯托里陸軍基地的燈塔。

下圖：在服役慶典上，F-14「雄貓」戰鬥機和F-18「大黃蜂」戰鬥機飛越「里根」號航空母艦。

本圖：「里根」號（CVN-76）航空母艦。這是即將服役前進行艦載清洗系統測試的場面，該系統主要用來清除核生化遺留物。

「布什」號

「喬治・H.W.布什」號航空母艦（CVN-77）是「尼米茲」級的最後一艘（後面簡稱「布什」號）。該航空母艦延續「羅納德・里根」號（CVN-76）航空母艦的改進，飛行甲板沒有初期設想的那樣變化巨大，為未來的CVN-78航空母艦設計做鋪墊。一些新技術在CVN-77上試用，成熟後將用在下一代航空母艦的建造上。

「布什」號航母於2003年鋪設龍骨，2006年舉行命名典禮，完成海試後於2009年1月10日在諾福克海軍基地舉行了服役典禮，開始在美國海軍正式服役。

上圖：2009 年 1 月，美國海軍第 10 艘「尼米茲」級航空母艦「喬治·H.W. 布什」號從諾思羅普·格魯曼公司紐波特紐斯造船廠駛出進行第一次海試，該航空母艦是美國海軍最後一艘「尼米茲」級航空母艦。

與「里根」號相比，「布什」號進行了實質性的設計改進並採用了若干新技術。例如採用了新的真空海上衛生系統、新的航空燃油分配系統，還有大量新的控制系統和管道材料。這些改進將減少該航母的全壽期費用。

「布什」號使用了更加先進的技術，現代化程度更高。在動力上，艦上兩個核反應堆可供軍艦連續工作20年而不需要添加燃料。在自身防護方面，無論是水下防護、對反艦導彈的防護，它都更加重視，包括兩舷、艦底、機庫甲板都是雙層船體結構，艦內有數十道水密橫艙壁，水下部分有增厚甲板、多層防雷隔艙。在攻擊力方面，它可搭載近100架飛機，並擁有多座對空導彈發射系統和近防炮。「布什」號屬於向新型航母過渡的航母，體現了更多的最新科技，它擁有更先進的雷達和導航儀器，線纜和天線均採用內置設置，從而更突出了隱身性；它的自動化管理程度更高，艦上一次裝載的食物可供全艦6000名官兵食用90天。

巡洋艦
Cruisers

　　「提康德羅加」號和26艘姐妹戰艦，作為美國海軍的一個級別的大型水面戰鬥艦艇，被設計為具有多重任務角色的導彈巡洋艦（CG），可以處理多種來自陸地、空中和水下的威脅。全向雷達陣列及整合的武器系統使得這種巡洋艦可以執行各種海上防禦任務，包括保護航母戰鬥群和兩棲艦隊。它的靈活性使它既能獨立行動也可以作為艦隊旗艦。同時，戰斧巡航導彈系統也賦予它執行遠程打擊任務的能力。

本圖：從「艾森豪威爾」號上拍攝的駛離美國東海岸的提康德羅加級巡洋艦「聖喬治角」號（CG-71）。

本圖：「諾曼底」號（CG-60）宙斯盾導彈巡洋艦
在地中海進行一次高速轉向時向右舷傾斜。

「提康德羅加」級

美國海軍「提康德羅加」級防空巡洋艦是造價低廉、大量建造的先進區域防空平台，它的設計基於具有巡洋艦尺寸的「斯普魯恩斯」級驅逐艦，經過數年的改進，已經發展成為當代最先進的巡洋艦。「提康德羅加」號最初被定級為驅逐艦，但在1980年又被定級為巡洋艦，舷號為CG-47。美國最初計劃建造28艘，里根政府將這一數量增加到了30艘，然後又將其削減到了27艘，都是由英格斯造船廠和巴斯鋼鐵公司造船廠建造的。「提康德羅加」級巡洋艦的首艦於1983年1月22日正式入役，最後一艘該級戰艦「羅亞爾港」號在1994年服役。

「提康德羅加」級是第一批裝備「宙斯盾」系統的水面戰艦。「宙斯盾」系統是世界上技術最完善、最先進的防空系統，其核心就是SPY-1A型雷達。兩對相控陣雷達能夠自動探測和跟蹤320千米（200英里）之外的空中目標。

防空

「宙斯盾」系統能夠通過快速反應火力和干擾抑制手段摧毀來襲導彈，能夠消除美國海軍戰鬥群所面臨的任何空中威脅。該系統在操縱己方飛機的同時，也能對以本艦為中心的半球區域進行連續掃瞄監視、目標探測和跟蹤，還能夠為一個戰鬥群的所有戰艦提供統一的指揮與控制平台。

第一批「提康德羅加」級5艘戰艦

左圖:在加利福尼亞海岸附近進行的補給行動中，海浪拍打「普林斯頓」號（CG-59），它正從「尼米茲」號航母上接收近100000加侖的JP-5航空燃料。

上圖：「安提坦」號（CG-54）進行燃料補給後駛離「卡爾‧文森」號航母。

本頁大圖：「文森斯」號（CG-49）在日本海高速航行。

本圖：在「伊拉克自由行動」中，宙斯盾導彈巡洋艦「聖喬治角」號從艦尾垂直發射器中發射一枚BGM-109戰斧巡航導彈。

裝備2座雙聯Mk26導彈發射裝置，發射「標準」SM2-MR型導彈。這些導彈能夠在高強度的電子對抗環境中對付高科技戰機以及低空、高空、水面和水下發射反艦導彈的飽和攻擊。

從「邦克山」（CG-52）號開始，2座Mk26型導彈發射裝置連同彈藥庫均被2座Mk41型導彈垂直發射裝置所取代，這個具有127個發射單元的導彈垂直發射系統能夠發射「標準」導彈、「魚叉」導彈、「阿斯羅克」導彈和「戰斧」巡航導彈，該系統為後來幾艘戰艦提供了強大的防禦能力，能夠攻擊空中、水面和水下目標。

建造「提康德羅加」級巡洋艦主要用來支援和保護航母戰鬥群和兩棲攻擊大隊，還用來執行封鎖和護航任務。從1983年黎巴嫩衝突開始，一直到2001年美軍「戰斧」巡航導彈轟炸阿富汗，在20年內美國海軍大部分的作戰中，人們都能夠看到該級戰艦的身影。

目前，該級巡洋艦的母港設在加利福尼亞州的聖迭戈（7艘）、佛羅里達州的梅港（4艘）、夏威夷州的珍珠港（3艘）、日本的橫須賀（3艘）、密西西比州的帕斯卡古拉（3艘）以及弗吉尼亞州的諾福克（7艘）。

技 術 規 格

「提康德羅加」級防空巡洋艦

排水量：滿載排水量 9960 噸

艦艇尺寸：艦長 172.80 米；艦寬 16.80 米；吃水深度 9.50 米

動力系統：4 台通用電氣公司 LM2500 燃氣渦輪，持續總功率為 58840 千瓦（80000 軸馬力），雙
軸推進

航速：30 節（56 千米／時，35 英里／小時）

艦載機：2 架西科斯基公司 SH-60B 型「海鷹」多用途直升機

武器系統：2 座 Mk41 導彈垂直發射系統，配備「標準」SM2-MR、「戰斧」巡航導彈以及「阿斯羅克」
導彈，2 座四聯裝「魚叉」艦艦導彈發射裝置，在前 5 艘戰艦上，2 座雙聯「標準」SM2-ER/「阿
斯羅克」防空導彈／反潛導彈發射裝置配備（68 枚「標準」導彈和 20 枚「阿斯羅克」導彈），
2 門 Mk45 型 127 毫米口徑（5 英吋）火炮，2 座 Mk15 型 20 毫米口徑「密集陣」近戰武器
系統裝備，
2 具三聯裝 324 毫米口徑（12.75 英吋）Mk32 反潛魚雷發射管裝置，配備 Mk46 型魚雷

電子系統：4 部 SPY-1A「宙斯盾」雷達陣列天線，以後的 15 艘戰艦上裝備的是 SPY-1B 型雷達，
1 部 SPS-49 對空搜索雷達，1 部 SPS-55 對海搜索雷達，1 套 SPQ-9A 艦炮火控系統，4 部
SPG-62「標準」導彈射擊指揮雷達／照明雷達，1 套 SLQ-32 電子監視系統設備，4 座 Mk36
型干擾物發射裝置，1 部 SQS-53 聲吶以及 1 套 SQR-19 戰術拖曳式陣列聲吶系統

編製人數：364 人

本圖：宙斯盾導彈巡洋艦「文
森斯」號在日本海進行訓練
演習時的急停動作。

55

上圖：CG-48「約克城」號

本圖： 在離開加利福尼亞聖迭戈
32 號街的海軍基地碼頭後，宙斯盾
導彈驅逐艦「福吉谷」號（CG-50）
出發前往西太平洋進行為期 6 個月
的部署。

上圖：CG-52「邦克山」號

本圖：在墨西哥灣，一架隸屬於美國海軍精英飛行表演隊「藍天使」的 F/A-18「大黃蜂」戰鬥轟炸機飛越導彈巡洋艦「托馬斯·S. 蓋茨」號（CG-51）。

本圖：在中國東海海域進
行為期 6 個月的軍事部署
行動的導彈巡洋艦「安提
坦」號正航行在波濤洶湧
的大海中。

本圖：CG-53「莫比爾灣」號

上圖：CG-57「香普蘭湖」號　　　　　　　上圖：CG-55「萊特灣」號

上圖：CG-56「聖哈辛托」號

右圖：作為按計劃進行的為期 6 個月的
部署行動的一部分，正在向地中海航行
的「菲律賓海」號(CG-58)巡洋艦與「北
極」號並排航行，進行海上補給。

本圖：在加利福尼亞海岸附近進行的補給行動中，海浪拍打「普林斯頓」號（CG-59），它正從「尼米茲」號航母上接收近 100000 加侖的 JP-5 航空燃料。

本圖：CG-60「諾曼底」號

上圖：CG-62「切斯蒂維爾」號

上圖：CG-61「蒙特里」號

本圖：CG-63「考彭斯」號

下圖：CG-64「葛底斯堡」號

本圖：CG-66「順化市」號

上圖：CG-67「希洛」號　　　　上圖：CG-70「伊利湖」號　　　　上圖：CG-69「維克斯堡」號

本圖：CG-65「喬辛」號

本圖：在與 12 個該地區的國家聯合舉行的 2003 年度的波羅的海軍事演習中，一艘芬蘭的「勞馬」級快速攻擊艇從正在波羅的海航行的宙斯盾導彈巡洋艦「維拉灣」號 (CG-72) 的右舷駛過。

上圖：CG-73「皇家港」號

上圖：CG-68「安齊奧」號

驅逐艦
Destroyers

美國海軍目前有兩型驅逐艦——導彈驅逐艦（DDG）「阿利·伯克」級和通用驅逐艦（DD）「斯普魯恩斯」級。儘管前者更為現代化和更具有戰鬥靈活性，但由於兩者都裝備有攻擊和防禦武器系統，所以都可以獨立作戰或作為航母戰鬥群、水面艦隊、兩棲任務集群或海上補給船隊的組成部分。現存的通用驅逐艦主要被用來執行反潛作戰任務，而導彈驅逐艦則不僅執行這種任務，還承擔防空和反艦作戰任務。一些斯普魯恩斯級驅逐艦也裝備了戰斧巡航導彈系統，以執行通常由導彈驅逐艦承擔的遠距離打擊任務。

本圖：導彈驅逐艦「科爾」號（DDG-67）抵達英格斯造船廠 4 號碼頭，準備進行維修。之前，在也門亞丁遭受的恐怖襲擊給這艘驅逐艦的左舷留下了一個 40 英尺 ×40 英尺的大洞。

上圖：DDG-51「阿利‧伯克」號

右圖：DDG-55「斯托特」號

上圖：DDG-57「米徹爾」號

「阿利·伯克」級

「阿利·伯克」級驅逐艦的首艦「阿利·伯克」號（DDG-51）於1991年7月4日開始服役，並發佈了由巴斯鋼鐵公司造船廠和英格斯造船廠執行的建造計劃，目標是取代已經過時的「查爾斯·F.亞當斯」和「法拉格特」級驅逐艦。美國計劃建造75艘，到目前服役62艘，其他仍在建造，也是世界上建造數量最多的現役驅逐艦。

「阿利·伯克」級導彈驅逐艦採用燃氣渦輪機動力系統，以取代「孔茨」級導彈驅逐艦以及「萊西」級和「貝爾納普」級導彈巡洋艦。

最初，美國計劃建造一艘造價比「提康德羅加」級低廉、作戰性能稍差的巡洋艦，結果發展出了一種功能極其強大的多用途戰艦——「阿利·伯克」級導彈驅逐艦，採用了非常先進的武器和各種系統。

隱形戰艦

阿利·伯克」號（DDG-51）是美國海軍按照隱身要求設計、採用隱身

本圖：DDG-53「約翰·保羅·瓊斯」號

上圖：DDG-54「柯蒂斯·威爾伯」號

技術以減少雷達反射橫截面的第一艘大型驅逐艦，其最初任務是對付蘇聯的飛機、導彈和潛艇。如今，這艘強大的驅逐艦在高威脅地區執行防空、反潛、反艦和攻擊作戰。

高速艦體

該級戰艦採用了新型艦體造型，這種艦型具有極佳的抗風穩定性能，能在惡劣海況下保持高速航行。該艦型具有相當可觀的閃光點，水線以上艦體呈「V」字形外觀。

「阿利·伯克」級主要採用鋼結構，使用了鋁制桅桿以減少桅桿頂部重量，在所有機艙和設備控制艙覆蓋了「凱芙拉爾」裝甲。令人吃驚的是，「阿利·伯克」級所有戰艦均裝備了一套能夠在核生化環境中作戰的設備，這在美國戰艦史上尚屬首次。艦員被限制在艦體和上層建築內的一個具有保護措施的密閉空間里。

AN/SPY-1D型相控陣雷達在「宙斯盾」武器系統的探測性能方面具有至關重要的作用，尤其在壓制敵人電子對抗措施方面具有獨特的性能。

「宙斯盾」系統設計用來對抗美國海軍艦隊和平時期所面臨的現實的和潛在的所有導彈威脅。傳統的機械式旋轉雷達發現目標，主要通過天線對各個陣面發射單元進行360°相位掃瞄，在此過程中當雷達波束碰到目標時，就能夠「看到」這個目標。然後分派一個單獨跟蹤雷達去跟蹤目標。

「宙斯盾」雷達

通過與其他雷達系統對比，可以看

出「宙斯盾」系統將很多雷達的功能集中到一個系統當中。SPY-1D型雷達的4個固定式輻射陣列能夠同時向各個方向發射電磁能量波，能夠連續不斷地搜索、跟蹤上百個目標。然後，SPY-1D型雷達和Mk99火控系統導引垂直發射的「標準」導彈在很遠距離內截擊敵機和導彈。在防禦方面，該級戰艦升級了「密集陣」近戰武器系統。

美國海軍計劃在2004年之前建造57艘「伯克」級驅逐艦來裝備部隊，但由於國會預算草案削減經費，導致戰艦建造進度表推遲到了2008年。該級戰艦唯一應該批評的一點就是，雖然第一批28艘戰艦配置了飛行甲板，能夠搭載1架西科斯基公司研製的SH-60型直升機，但最初設計時並沒有在艦上為直升機提供機庫。

第三批經過改進的「阿利·伯克」級Flight ⅡA型驅逐艦裝備了一座直升機庫，導彈垂直發射系統也增加了發射單元，配備1門新型127毫米（5英吋）口徑火炮，通信系統也得到改進。

上圖：DDG-52「巴里」號

技 術 規 格

"阿利·伯克"级驱逐舰

排水量：标准排水量 8300 吨，满载排水量 9200 吨

舰艇尺寸：舰长 142.10 米；舰宽 18.30 米；吃水深度 7.60 米

动力装置：4 台通用电气公司制造的 LM2500 燃气涡轮，持续总功率为 77228 千瓦（105000 轴马力），
双轴推进

航速：32 节（59 千米 / 时，37 英里 / 小时）

舰载机：1 个直升机着陆缓冲垫，2 架西科斯基公司的 SH-60 型直升机，从 DDG79 号开始装备 SH-
60R 型直升机

武器系统：2 座四联装"鱼叉"舰舰导弹发射装置（装备在第一批 25 艘战舰），2 座 Mk41 导弹垂直
发射系统（第一批 25 艘战舰上混装了 90 枚"标准"SM-2MR 防空导弹、"阿斯罗克"导弹和
"战斧"舰舰导弹，后来这些战舰上总共混装了 106 枚导弹），1 门 127 毫米口径（5 英寸）火炮，
2 套 20 毫米口径"密集阵"近战武器系统，仅在第三批"Flight IIA"型战舰上装备北约改进型"海
麻雀"，2 具三联装 324 毫米口径（12.75 英寸）Mk32 反潜鱼雷发射管（配备 Mk46/50 鱼雷）

电子系统：两对（4 部）SPY-1D"宙斯盾"雷达，1 部 SPS-67 对海搜索雷达，1 部 SPS-64 导航雷达，
3 部 SPG-62"标准"导弹射击指挥雷达，1 套 SLQ-32 电子监视系统设备，2 座 Mk36 型干扰物
发射装置，1 部 SQS-53C 舰艇声呐，1 部 SQR-19 拖曳式阵列声呐

人员编制：303 ～ 327 人

本圖：DDG-56「約翰·S. 麥凱恩」號

上圖：DDG-58「拉邦」號

右圖：DDG-68「沙利文」號

上圖：DDG-59「拉塞爾」號

下圖：DDG-81「溫斯頓‧S‧丘吉爾」號

上圖：DDG-82「拉森」號

左圖：DDG-79「奧斯卡‧奧斯汀」號

上圖：DDG-80「羅斯福」號

上圖：DDG-83「霍華德」號

上圖：DDG-60「保羅‧漢密爾頓」號

上圖：DDG-61「拉梅奇」號

上圖：DDG-62「菲茨傑拉德」號

上圖：DDG-63「斯特西姆」號

上圖：DDG-65「本
福爾德」號

右圖：在陽光和雲朵下，
「卡尼」號在波斯灣巡遊
的剪影。

上圖：DDG-69「米利厄斯」號

左圖：導彈驅逐艦「科爾」號（DDG-67）穿過大西洋，為在地中海地區進行的軍事演習作最後準備。

上圖：DDG-74「麥克福爾」號

上圖：DDG-72「馬漢」號

上圖：DDG-70「霍珀」號

上圖：DDG-71「羅斯」號

左圖：導彈驅逐艦「岡薩雷斯」號（DDG-66）在大西洋上進行試航，為即將到來的為期 6 個月的軍事部署作準備。「岡薩雷斯」號驅逐艦隸屬於「企業」號航母打擊集群。

本圖:「宙斯盾」導彈驅逐艦「唐納德‧庫克」號(DDG-75)從正在阿拉伯灣航行的「華盛頓」號右的舷機庫旁經過。

本圖:DDG-73「迪凱特」號

上圖:DDG-78「波特」號

本圖：DDG-76「希金斯」號

本圖：DDG-77「奧凱恩」號

上圖：DDG-84「巴爾克利」號

上圖：DDG-85「麥坎貝爾」號

上圖：DDG-86「肖普」號

上圖：DDG-87「梅森」號

本圖：DDG-88「霍雷貝爾」號

上圖：在北島海空基地進行的黎明起航儀式上，「馬斯汀」號（DDG-89）和新戰艦的水手們列隊站在戰艦上。「馬斯汀」號是第 39 艘「伯克」級導彈驅逐艦，為了表彰著名的為海軍服役長達 1 個世紀的某個家族中的 4 個成員而命名。

DDG-90「查菲」號

上圖：DDG-91「平克尼」號　　　上圖：DDG-93「鍾雲」號　　　上圖：DDG-94「尼采」號

上圖：DDG-98「福里斯特‧捨曼」號

上圖：DDG-101「格里德利」號

左圖：DDG-99「法拉格特」號

上圖：DDG95「詹姆斯‧E. 威廉斯」號　　上圖：DDG-96「班布里奇」號　　上圖：DDG-97「哈爾西」號

上圖：DDG-103「特魯斯頓」號

上圖：DDG-92「莫姆森」號

下圖：DDG-100「基德」號

下圖：DDG-102「桑普森」號

上圖：DDG-105「杜威」號

上圖：DDG-106「史托戴爾」號

本圖：DDG-104「斯特雷特」號

上圖：DDG-108「韋恩‧E.邁耶」號

上圖：DDG-107「格雷夫利」號

右圖：DDG-109「賈森‧鄧漢」號

本圖：DDG-112「邁克爾‧墨菲」號

護衛艦
Frigates

「奧利弗·哈澤德·佩里」級是美國海軍現役的護衛艦，並且美國海軍沒有進一步發展該類戰艦的計劃。「奧利弗·哈澤德·佩里」號（已退役）於1977年12月17日入役，現在共有30艘姊妹艦仍在服役。該級別的艦艇被設計為導彈護衛艦（FFG），用來保護其他水面艦艇，尤其是兩棲打擊集群、海上補給艦，以及進行商船護衛任務。護衛艦上裝備的雷達和武器系統使它可以執行反潛和防空任務，但是該級別護衛艦缺乏大多數現代美國艦艇所具備的真正的多角色靈活性。

本圖：隸屬於美國海軍護衛艦「塞繆爾·B. 羅伯茨」號（FFG-58）的艦員正注視著抵達的軍艦。該艦按計劃對隸屬於北約地中海地區的海上部隊的克里特島的蘇達灣港進行訪問。

上圖：FFG-28「布恩」號

上圖：FFG-59「考夫曼」號

「奧利弗・哈澤德・佩里」級

英國皇家海軍的戰艦升級計劃提高了「海狼」防空導彈系統的戰鬥性能（改進了導彈引信裝置，改進了雷達和其他光電跟蹤設備），用2087型主動聲吶替代了2031Z型被動聲吶，加裝了Mk8 Mod 1型火炮和水面艦艇魚雷防禦系統，並且在其中的7艘艦上裝備了「協同作戰能力」系統。

在現代美國海軍中，「奧利弗・哈澤德・佩里」級導彈護衛艦是建造數量最多的大型戰艦，該級戰艦設計用來接替「諾克斯」級遠洋護航型護衛艦，因此最適用於擔當防空作戰的任務，反潛和反艦作戰是其所擔當的輔助性的戰術任務。

人們批評該級戰艦有著與「諾克斯」級戰艦相同的缺點，那就是只有一個螺旋槳和一部「主要武器」（1座Mk13型導彈發射裝置）。相反，該艦的Mk92型火控系統具有兩個通道（兩

本圖：FFG-8「麥金納尼」號

個獨立的制導雷達彼此分離），此外還裝備有兩套附加的239千瓦（325軸馬力）功率的發動機/螺旋槳裝置，如果戰艦的主動力系統受損，這兩個附加的動力裝置能夠讓戰艦以6節的速度返回。雖然戰艦上裝備的是SQS-56型艦體近程聲吶，但其主要的反潛聲吶則是SQR-19型拖曳式陣列聲吶。

戰鬥系統

荷蘭研製的Mk92火控系統是該艦戰鬥系統的一個組成部分，該火控系統非常適合於執行摧毀「突然出現」的來襲導彈的任務。選用意大利製造的76毫米（3英吋）口徑火炮，是因為在承擔中距離/近距離防空任務時，該型火炮的性能優於美國海軍標準的口徑5英吋（127毫米）的L/54型火炮。

考慮到造價問題，許多先前的「奧利弗·哈澤德·佩里」級護衛艦並沒有進行改裝，也沒有用2架「蘭普斯」Ⅲ型多用途直升機取代最初的2架「蘭普斯」Ⅰ型直升機。戰艦彈藥庫上方裝備的是鋁質裝甲，機電艙上方用的是鋼質裝甲，至關重要的電子系統和指令設備艙上均用的是「凱芙拉爾」塑料裝甲。

Mk13型導彈發射裝置的彈藥庫只能夠存放「標準」防空導彈和「魚叉」反艦導彈，因此，戰艦的反潛性能只有依靠Mk46型魚雷和「蘭普斯」直升機。

許多早期的「奧利弗·哈澤德·佩里」級護衛艦轉交給了美國的盟國，其中，有7艘轉讓給了土耳其，其中一艘用於拆用配件，4艘轉讓給埃及，1艘轉交巴林，1艘轉交波蘭，後來於2002年又向波蘭和土耳其轉交了一批戰艦。到21世紀初，該級戰艦現存33艘尚在美國海軍服役。

在服役生涯的巔峰時期，該級戰艦是由「奧利弗·哈澤德·佩里」號、「Mc Inerney」號、「Wadsworth」號、

上圖：FFG-29「斯蒂芬·S. 格羅維斯」號

「鄧肯」號、「Clark」號、「喬治·菲利普」號、「塞繆爾·埃利奧特·莫里森」號、「John H. Sides」號、「Estocin」號、「克利夫頓·布拉格」號、「約翰·阿·莫爾」號、「安特里姆郡」號、「弗賴特雷」號、「法里恩」號、「劉易斯·B. 普勒」號、「傑克·威廉姆斯」號、「科普蘭」號、「加勒利」號、「馬龍·S. 泰斯達爾」號、「布恩」號、「斯蒂芬·W. 格羅韋斯」號、「里德」號、「斯塔克」號、「約翰·L. 霍爾」號、「加萊特」號、「奧布里·菲奇」號、「安德伍德」號、「克羅姆林」號、「庫爾茨」號、「柯南道爾」號、「哈里布爾頓」號、「麥克科拉斯基」號、「克拉克林」號、「撒奇」號、「德維爾特」號、「雷恩茨」號、「尼古拉斯」號、「范德格里夫特」號、

「羅伯特·G. 布拉德利」號、「泰勒」號、「加里」號、「卡爾」號、「哈韋斯」號、「福特」號、「埃爾洛德」號、「辛普森」號、「魯本·詹姆斯」號、「塞繆爾·B. 羅伯特」號、「卡夫曼」號、「羅德尼·M. 戴維斯」號和「英格拉姆」號組成。

其他的「奧利弗·哈澤德·佩里」級導彈護衛艦還有澳大利亞皇家海軍的6艘「阿德萊德」級護衛艦，它們是「阿德萊德」號、「堪培拉」號、「悉尼」號、「達爾文」號、「墨爾本」號和「紐卡斯爾」號（最後2艘是在澳大利亞建造的）。西班牙擁有6艘在本國建造的「聖女瑪利亞」級護衛艦：「聖女瑪利亞」號、「維多利亞」號、「納曼西亞」號、「雷納·索菲阿克斯·亞美利加」號、「納瓦拉」號和「加納利亞」號。。

本圖：FFG-32「約翰·L. 霍爾」號

上圖：FFG-33「賈勒特」號

<table>
<tr><td colspan="1" align="center">技 術 規 格</td></tr>
</table>

「奧利弗‧哈澤德‧佩里」級導彈護衛艦

排水量：標準排水量 2769 噸，滿載排水量 3638 ～ 4100 噸

艦艇尺寸：搭載「蘭普斯」Ⅰ型直升機的戰艦艦長為 135.6 米，搭載「蘭普斯」Ⅲ型直升機的戰艦艦
長為 138.1 米；艦寬 13.7 米；吃水深度 4.5 米

動力系統：2 台通用電氣公司製造的 LM2500 型燃氣渦輪機，輸出功率為 29420 千瓦(40 000 軸馬力)，
單軸推進

性能：航速 29 節，航程 8320 千米（5200 英里）/20 節

武器系統：1 座 Mk13 型單軌導彈發射裝置，配備 36 枚「標準」SM-1MR 艦對空導彈和 4 枚「魚叉」
反艦導彈；1 門 76 毫米口徑（3 英吋）Mk75 火炮；1 套 20 毫米口徑 Mk15「密集陣」近戰武器系統；
2 具三聯裝 12.75 英吋（324 毫米）Mk32 型反潛魚雷發射管，配備 24 枚 Mk46 或者 Mk50 型反
潛魚雷

電子系統：1 部 SPS-49(Ⅴ)4 或 5 型對空搜索雷達，1 部 SPS-55 對海搜索雷達，1 部 STIR 火控雷達，
1 套 Mk92 火控系統，1 套 URN-25「塔康」戰術導航系統，1 套 SLQ-32（Ⅴ）2 電子監視系統，2
座 Mk36「斯羅克」6 管干擾物發射器，1 部 SQS-56 型艦體聲吶，（從「安德伍德」號開始裝備）
1 部 SQR-19 拖曳式陣列聲吶

艦載機：2 架 SH-2F「海妖」「蘭普斯Ⅰ」直升機或 SH-60B 型「海鷹」「蘭普斯」Ⅲ直升機

人員編制：176 ～ 200 人

上圖：FFG-38「柯茨」號

上圖：FFG-58「塞繆爾‧B. 羅伯茨」號

上圖：FFG-37「克羅姆林」號

上圖：FFG-36「安德伍德」號

上圖：FFG-56「辛普森」號

上圖：FFG-39「多伊爾」號

上圖：FFG-40「哈利伯頓」號

上圖：FFG-41「麥克拉斯基」號

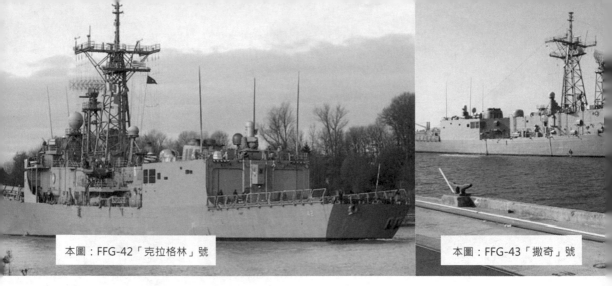

本圖：FFG-42「克拉格林」號

本圖：FFG-43「撒奇」號

上圖：FFG-47「尼古拉斯」號

上圖：FFG-48「范德格里夫特」號

本圖：FFG-52「卡爾」號

FFG-46「倫茲」號

本圖：FFG-50「泰勒」號

上圖：FFG-49「羅伯特·G.佈雷德利」號

本圖：FFG-53「霍斯」號

上圖：FFG-51「加里」號

下圖：FFG-54「福特」號

上圖：FFG-55「埃爾羅德」號

下圖：FFG-61「英格拉姆」號

上圖：FFG-57「魯本・詹姆斯」號

下圖：FFG-60「羅德尼・M.戴維斯」號

潛艇
Submarines

美國海軍配置有三種潛艇，全都是核動力潛艇，分別是SSBN（彈道導彈核潛艇）、SSN（攻擊核潛艇）和SSGN（巡航導彈核潛艇）。儘管攻擊核潛艇和巡航導彈核潛艇裝備類似的武器，但每一種潛艇從戰略到戰術都有不同的功能。「俄亥俄」級彈道導彈核潛艇主要裝載三叉戟遠程多彈頭核導彈，它是美國海軍戰略防禦力量的重要標誌。攻擊核潛艇包括三個級別：「弗吉尼亞」級、「海狼」級和「洛杉磯」級，都可以攻擊敵軍潛艇、水面船隻或陸基目標。巡航導彈核潛艇是由「俄亥俄」級潛艇改造而來的，它可以發射遠程戰術導彈，也可以部署特種部隊，執行秘密任務。

本圖：彈道核潛艇「羅德島」號（SSBN-740）離開喬治亞州的金斯灣，前往大西洋海域執行威懾巡邏任務。

本圖：SSGN-726「俄亥俄」號

「俄亥俄」級

作為「本傑明・富蘭克林」級和「拉斐特」級核動力彈道導彈潛艇的繼任者，美國海軍「俄亥俄」級核動力彈道導彈潛艇於20世紀70年代初期開始設計，其中，首艇「俄亥俄」號的建造工作於1974年7月由通用動力公司電船分部承接。然而，由於發生在華盛頓特區和造船廠的一系列令人遺憾的問題，使得「俄亥俄」號直到1981年6月才進行第一次海上試航，直到同年11月才最終服役，比原計劃延遲了3年。接下來，有關該級潛艇的

本圖：SSBN-732「阿拉斯加」號

生產問題得到了解決，建造進度也大大加快。1997年9月，最後一艘「俄亥俄」級潛艇——「路易斯安那」號也編入現役。在18艘「俄亥俄」級潛艇中，10艘被編入大西洋艦隊，8艘編入太平洋艦隊，分別裝備「三叉戟」ⅡD5型和「三叉戟」ⅠC4型潛射彈道導彈，從1996年開始，「三叉戟」ⅠC4型潛射彈道導彈被更換成「三叉戟」D5型導彈。「三叉戟」Ⅰ型導彈射程7780千米，攜帶8個再入大氣層飛行器，每個飛行器攜帶一枚爆炸當量10萬噸的W76型核彈頭。比較大型的「三叉戟」Ⅱ型導彈最多可攜載14個再入大氣層飛行器，但更多情況下攜帶的再入大氣層飛行器為8個，每個飛行器攜帶一枚爆炸當量47.5萬噸的W88型核彈頭。關於「三叉戟」Ⅱ型的具體射程迄今仍是一個機密，但人們推測該型導彈要比「三叉戟」Ⅰ型多出數百英里。

與早期核動力彈道導彈潛艇的16枚潛射彈道導彈的標準配置相比，「俄亥俄」級配置了24枚潛射彈道導

本圖：SSGN-729「佐治亞」號

彈，每9年重新裝填一次核燃料，每次裝填燃料歷時12個月。「俄亥俄」級潛艇每次的巡航任務持續70天，而後是25天的部署前準備期，它們這個時候往往與潛艇供應艦停放在一起，或者就停靠在碼頭上，進行必要的維護和補給工作。如今，由於裝備了遠射程的「三叉戟」導彈系統，「俄亥俄」級潛艇執行巡邏任務時，要麼在距離美國本土很近的海域活動，要麼就在遠離所有國家的大洋深處活動，再加上本身所具備的極其優異的靜音性能，幾乎所有的反潛手段在它們的面前都會束手無策。

18艘「俄亥俄」級潛艇中，除了「俄亥俄」號和「路易斯安那」號之外，其他的還有「密執安」號、「佛羅里達」號、「佐治亞」號、「亨利·M. 傑克遜」號、「亞拉巴馬」號、「阿拉斯加」號、「內華達」號、「田納西」號、「賓夕法尼亞」號、「西弗吉尼亞」號、「肯塔基」號、「馬里蘭」號、「內布拉斯加」號、「羅得島」號、「緬因」號和「懷俄明」號。

本圖：SSGN-727「密歇根」號

右圖：SSBN-736「西弗吉尼亞」號

本圖：SSGN-728「佛羅里達」號

上圖：SSBN-735「賓夕法尼亞」號

右圖：SSBN-737「肯塔基」號

下圖：SSBN-730「亨利‧M. 傑克遜」號

本圖：SSBN-733「內華達」號

本圖：「俄亥俄」號在干船塢中進行改裝。

技 術 規 格

「俄亥俄」級核動力彈道導彈潛艇

排水量：16764 噸（水上），18750 噸（水下）

艇體尺寸：長 170.69 米；寬 12.8 米；吃水 11.1 米

推進系統：1 座 S8G 型壓水式自然循環核反應堆，
2 台蒸汽渦輪機，輸出功率 44735 千瓦，單
軸驅動

航速：水面 28 節，水下 25 節

下潛深度：作戰潛深 300 米，最大潛深 500 米

武器系統：24 具導彈發射管，發射 24 枚「三叉
戟」I C4 型和「三叉戟」II D5 型潛射彈道
導彈；4 具 533 毫米口徑魚雷發射管，發射
Mk48 型反潛／反艦魚雷

電子裝置：1 部 BPS-15 型對海搜索雷達，1 套
WLR-8（V）型電子支援系統，1 部 BQR-19 型
導航聲吶，1 部 TB-16 型拖曳陣列聲吶，大量
的通信和導航系統

人員編制：155 人

1981 年入役的「俄亥俄」號彈道導彈核潛艇使得美國海軍擁有了一種隱蔽性極好的水下導彈發射平台。事實上，在蘇聯強悍的「颱風」級核潛艇服役前，「俄亥俄」號一直是世界上最大的潛艇。

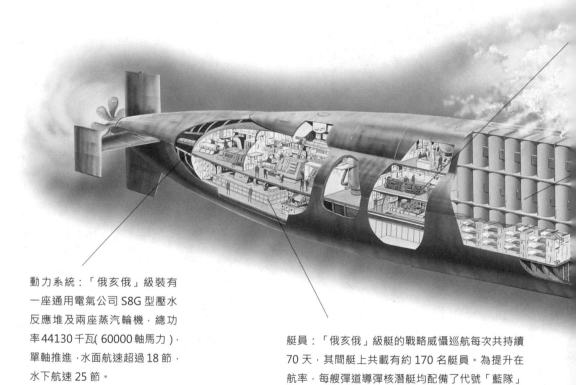

動力系統：「俄亥俄」級裝有一座通用電氣公司 S8G 型壓水反應堆及兩座蒸汽輪機，總功率 44130 千瓦(60000 軸馬力)，單軸推進，水面航速超過 18 節，水下航速 25 節。

艇員：「俄亥俄」級艇的戰略威懾巡航每次共持續 70 天，其間艇上共載有約 170 名艇員。為提升在航率，每艘彈道導彈核潛艇均配備了代號「藍隊」與「金隊」的兩組艇員，每組艇員均擁有一名艇長。

耐壓艇體：「俄亥俄」號的高度流線型外層艇體可大大降低高速潛航時的噪聲，內層艇殼則為武器、人員與各類設備提供了充裕的安置空間。

導彈：「俄亥俄」級彈道導彈核潛艇可搭載 24 枚「三叉戟」導彈，每列 12 枚。每枚「三叉戟」導彈包含 12 顆再入式分導核彈頭（MIRV），每顆當量 10 萬噸，其分導彈頭數量已超過了戰略武器限制條約（SALT）規定的 8 顆上限。

魚雷：「俄亥俄」級艇擁有四具 533 毫米（21 英吋）魚雷發射管，配合 Mk118 型數字化魚雷火控系統，可發射帶 291 千克（640 磅）戰鬥部的古爾德 Mk48 重型魚雷。

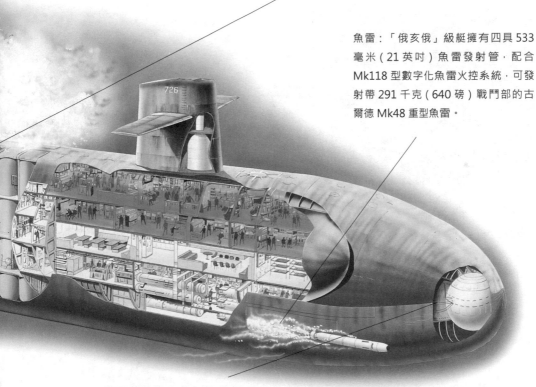

聲吶：「俄亥俄」號的聲吶系統包括 IBM BQQ6 型被動搜索聲吶，雷聲 BQS13 型、BQS15 型被動高頻聲吶以及雷聲 BQR19 型導航聲吶。

內部佈局

複雜緊湊的操艇控制區堪稱「俄亥俄」號的神經中樞。在專業艇員的操縱下，潛艇就像在空中翱翔般巡弋潛行。

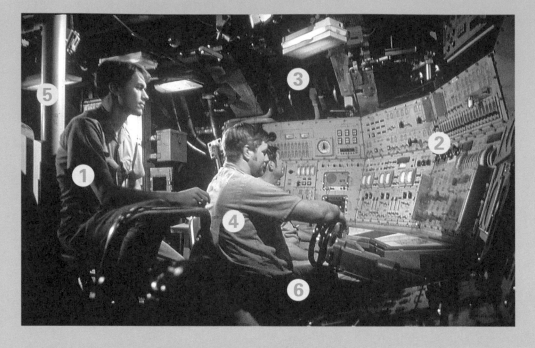

1. 潛水軍官：坐在操艇區後側的潛水軍官對前方的方向舵手與升降舵手下達指令。
2. 設備：潛艇需借助大量閥門、水櫃及其他設備完成下潛與上浮運動，圖中所示即是上述各類儀器的集中操作板面。
3. 手控閥：在突發情況下，艇員可使用位於壓載控制板頂端的手控閥門吹除壓載水艙儲水，使潛艇緊急浮出水面。
4. 方向控制：潛艇的艇艏水平舵與水平尾翼均由一名專職水兵單獨操控。
5. 潛望鏡：潛艇在水面航行時會產生大量噪聲，故而極易遭受攻擊，有鑒於此，潛艇上浮前必須先在潛望鏡深度觀察海面情況，以防萬一。
6. 安全帶：由於潛艇在水下機動時顛簸劇烈，操艇區的座椅均附有安全帶。

上圖：1995年1月，「俄亥俄」號在大修結束後回歸太平洋艦隊第九潛艇大隊第十七中隊，並再度開始戰略威懾巡航。

右圖：VLS發射架

上圖：SSBN-738「馬里蘭」號

下圖：SSBN-739「內布拉斯加」號

本圖：SSBN-740「羅德島」號

上圖：SSBN-741「緬因」號

上圖：SSBN-743「路易斯安那」號

本圖：SSBN-742「懷俄明」號

「洛杉磯」級

作為美國海軍建造數量最多的一款核動力攻擊潛艇，「洛杉磯」級潛艇綜合了早期「飛魚」級潛艇的速度優勢和「鱘魚」級潛艇的先進聲吶和武器系統。與以往的核動力攻擊潛艇相比，「洛杉磯」級潛艇的尺寸大幅度增加，主要是為了安裝基於D2G型反應堆（安裝在「班布里奇」級核動力巡洋艦上）發展而來的S6G型壓水式反應堆。該型反應堆每10年重新裝填一次燃料。最初，「洛杉磯」級潛艇配置BQQ-5型被動/主動搜索和攻擊聲吶系統，但從「聖胡安」號（SSN-751）開始換裝BSY-1型被動/主動搜索和攻擊低頻聲吶系統。「奧古斯塔」號和「夏安」號安裝了1部BQG-5D型寬孔徑翼側陣列聲吶。為了進行冰層探測，所有「洛杉磯」級潛艇均安裝了BQS-15型近距離高頻主動聲吶。除此之外，該級潛艇還安裝了其他一些傳感器系統，包括從「聖胡安」號第一個開始安裝的水雷和冰層探測規避系統。同樣從「聖胡安」號開始安裝的還有潛艇消音瓦，並且將水平舵從潛艇艉部轉移到了前部。

出色的实战表现

憑借所裝備的先進的電子系統，「洛杉磯」級潛艇成為一款非常出色的反潛作戰平台。儘管在冰島附近的一次水下角逐中，一艘蘇聯潛艇依靠較高的水下速度，非常輕鬆地擺脫了一艘「洛杉磯」級潛艇的跟蹤。然而，對於蘇聯設計的大多數核動力潛艇，「洛杉磯」級潛艇有著相當高的探測和跟蹤成功率。「洛杉磯」級潛艇上先進的BQQ-5

本圖：SSN-701「拉霍亞」號

本圖：SSN-698「佈雷默頓」號

型系統曾成功地探測到2艘蘇聯「Ｖ」級潛艇並與它們保持很長一段時間的接觸。

　　該級潛艇裝備了一套威力非常強大的武器系統，其中的「戰斧」戰術巡航導彈的射程在900～1700千米之間。如今，該型導彈的最新版本是「戰斧」C型和D型戰術巡航攻擊導彈，前者可攜帶1枚454千克的彈頭，後者能夠將彈藥載荷投送到900千米開外的目標區。此外，還可以用318千克重的聚能裝藥彈頭替代標準配置的烈性炸藥彈頭。為了克服彈藥儲量有限的問題，從「普羅維登斯」號潛艇（SSN-719）開始，所有該級潛艇均安裝了1套垂直發射系統。在該套系統中，用來發射「戰斧」導彈的發射管安裝在聲吶天線後面的耐壓艇體外部。儘管「戰斧」巡航導彈可以攜帶核彈頭，但在今天的實戰中很少這樣做。

　　此外，「洛杉磯」級潛艇還可以攜帶533毫米口徑的Mk48型主動/被動自動尋的魚雷。該型魚雷配置一個267千克的彈頭，應用有線制導，射程達到50千米時採取主動模式，射程在38千米左右時使用被動模式。每艘「洛杉磯」級潛艇可攜帶26枚Mk48型魚雷，或者攜帶14枚Mk48型魚雷和12枚「戰斧」戰術巡航導彈。從服役至今，「洛杉磯」級潛艇先後參加了海灣戰爭、科索沃戰爭和阿富汗戰爭，實戰使用效果頗為出色。更為重要的是，該級潛艇始終沒有中斷在冰層下面的作戰行動，2001年年中時，「斯克蘭頓」號潛艇（SSN-756）曾衝破北極冰蓋浮出水面。迄今為止，已經有11艘「洛杉磯」級潛艇退出現役。

本圖：SSN-700「達拉斯」號

上圖：SSN-699「傑克遜維爾」號

上圖：SSN-711「舊金山」號

技 術 規 格

「洛杉磯」級

類型：核動力攻擊潛艇

排水量：6082 噸（水面），6927 噸（水下）

艇體尺寸：長 110.34 米；寬 10.06 米；吃水 9.75 米

推進系統：1 座 S6G 型壓水式反應堆，2 台蒸汽渦輪機，
　　　　　輸出功率 26 095 千瓦，單軸推進

航速：水面 18 節，水下 32 節

下潛深度：作戰潛深 450 米，最大潛深 750 米

魚雷管：4 具 533 毫米口徑魚雷發射管，配備包括
　　　　Mk48 型魚雷在內共 26 枚魚雷；潛射「魚叉」和「戰
　　　　斧」導彈；(從 SSN-719 號潛艇開始)12 具外置「戰
　　　　斧」戰術巡航導彈發射管（目前攜帶的是「戰斧」C
　　　　型和 D 型戰術巡航導彈）

電子裝置：1 部 BPS-15 型對海搜索雷達，1 部 BQQ-5 型
　　　　　或 BSY-1 型被動／主動搜索和攻擊低頻聲吶，1 套
　　　　　BDY-1/BQS-15 型聲吶天線，1 部 TB-18 型被動拖曳
　　　　　陣列聲吶，1 套水雷冰層探測規避系統

人員編制：133 人

本圖：SSN-705「科珀斯克里斯蒂城」號

本圖：SSN-706「阿爾伯克基」號

上圖：SSN-765「蒙彼利埃」號

上圖：SSN-713「休斯敦」號

本圖：SSN7-15「布法羅」號

下圖：SSN-714「諾福克」號

上圖：SSN-717「奧林匹亞」號

左圖：SSN-719「普羅維登斯」號

右圖：SSN-724「路易斯維爾」號

本圖：SSN-723「俄克拉荷馬」號

上圖：SSN-762「哥倫布」號

左圖：SSN-722「基韋斯特」號

右圖：SSN-725「海倫娜」號

上圖：SSN-751「聖胡安」號

上圖：SSN-721「芝加哥」號

上圖：SSN-720「匹茲堡」號

左圖：SSN-750「紐波特紐斯」號

本圖：SSN-752「帕薩迪納」號

本圖：SSN-753「奧爾巴尼」號

本圖：SSN-754「托皮卡」號

右圖：SSN-763「聖菲」號

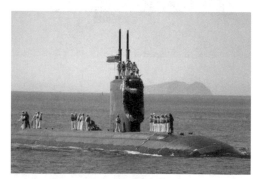

上圖：SSN-758「阿什維爾」號

上圖：SSN-767「漢普頓」號

本圖：SSN-757「亞歷山德里亞」號

上圖：SSN-761「斯普林菲爾德」號

本圖：SSN-755「邁阿密」號

上圖：SSN-764「博伊西」號

本圖：SSN-756「斯克蘭頓」號

內部佈局

作為潛艇潛航時的耳目，「洛杉磯」級艇的聲吶艙可對各種艇載探測設備的數據信息進行綜合處理。

1. 艙面值班員：每架控制台均由一名資深技術人員負責操縱，並由艙面值班員負責監督。
2. 控制台：聲吶艙的主體部分即是遂行各類具體任務的操縱控制台。
3. 照明：照明燈色可隨具體環境的變化而進行調整，其中以藍色為常規燈色。
4. 模式：聲吶監測包括兩種模式，潛艇在「主動」模式下自行發射聲波信號，並由操作員負責計算頻次並加以分析。
5. 拖曳式聲吶：拖曳聲吶是一種被動式「細線」列陣，可用於探測遠距離低頻噪音。
6. 截聽接收器：聲學截聽接收器可在主動聲吶啟動時給艇員以提示。

本圖：SSN-772「格林維爾」號

上圖：SSN-773「夏延」號

左圖：SSN-759「傑斐遜城」號

本圖：SSN-769「托萊多」號

上圖：SSN-771「哥倫比亞」號

上圖：SSN-760「安納波利斯」號

上圖：SSN-766「夏洛特」號

主機：「洛杉磯」級裝有一座通用電力公司 S6G 型核反應堆，從而將壓力熱媒水輸往蒸汽發生器，進而驅動蒸汽輪機運轉。

制氧系統：「洛杉磯」級艇擁有一整套複雜的空氣調節裝置，其中電解氧氣發生器可使潛艇在無通風情況下長期潛航。

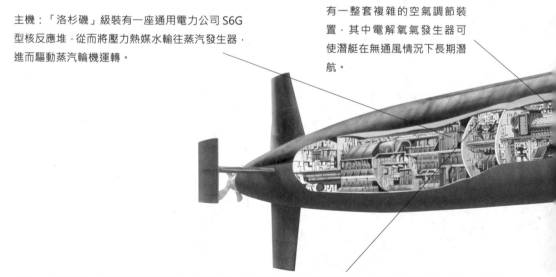

隔艙：「洛杉磯」級核潛艇擁有兩大水密隔艙。前段隔艙主要供艇員居住、彈藥提送及中央操控。後段隔艙主要用於安設艇上大部分機械動力系統。

本圖：SSN-770「圖森」號

本圖：SSN-768「哈特福德」號

聲呐：「洛杉磯」級艇裝有 BQR-15 型被動拖曳聲呐列陣，平時收貯於左舷艇殼導管的一個函道中，通過安置於左水平舵內的管道進行施放。

武備：「洛杉磯」級核潛艇約可裝載 25 枚各類彈藥，同級各艇均可使用魚雷發射管發射「戰斧」巡航導彈。後 31 艘「洛杉磯」級艇「戰斧」。

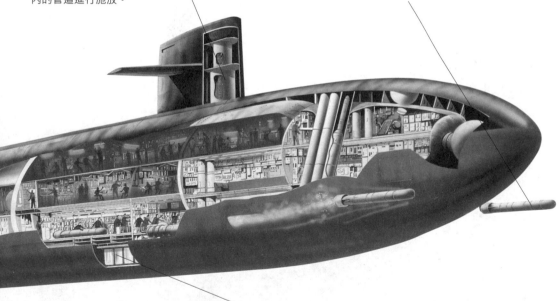

特種作戰設備：部分「洛杉磯」級艇可通過先進海豹潛水載具系統（ASDS）或乾燥甲板掩蔽艙（DDS）運載「海豹」特種突擊隊。

「海狼」級

美國海軍「海狼」級潛艇是世界上性能最先進但同時又是造價最昂貴的核動力攻擊潛艇。在計劃建造的12艘該級潛艇中，首艇「海狼」號於1989年開工建造，是30年以來美國設計的一款完全新型的潛艇。 1991年，整個「海狼」級潛艇的造價預計達到336億美元，佔到整個海軍建設預算的25%，因此成為美國海軍有史以來最昂貴的造艦項目。當時，美國海軍曾打算再建造17艘「海狼」級潛艇，但是隨著蘇聯的解體和冷戰的結束，美國的政治家們開始質疑是否有必要繼續發展這種造價高昂的超級靜音潛艇。最終，「海狼」級潛艇的發展計劃在建造到第三艘時就戛然而止了，代之以對現有的51艘「洛杉磯」級潛艇進行更新換代。

自從1945年至20世紀80年代中期，美國海軍長期佔據著對於蘇聯海軍的技術優勢地位，但由於間諜活動以及美國的一些盟國與蘇聯之間的貿易往來，這種優勢被逐漸削弱。美國海軍之所以設

本圖：SSN-21「海狼」號

本圖：SSN-23「吉米‧卡特」號

計和建造「海狼」級潛艇，正是為了重新恢復這種技術優勢。根據設計，「海狼」級潛艇的下潛深度比現役任何一種美國潛艇都要大，並且能在北極的冰蓋下面作戰。與此前使用HY-80型鋼材建造的潛艇相比，「海狼」級潛艇在建造時採用了HY-100型鋼材，這種鋼材曾經用在20世紀60年代的實驗型深潛器上，質地非常優異。此外，為了連接艇體的不同部分，「海狼」級還應用了新型的焊接材料。「海狼」級潛艇最重要的優勢在於其無與倫比的靜音性能，即使以

很高的戰術速度進行航行時也毫不遜色。在通常情況下，為了躲避被動式聲吶陣列的探測，絕大多數潛艇需要將航速至少降低到5節左右，而「海狼」級則不然，它們即使以20節的速度航行，也很難被敵方發現。

靜音性能

美國海軍曾經這樣描述「海狼」級潛艇極其優異的靜音性能：「海狼」級潛艇的靜音性能是改進型「洛杉磯」級潛艇的10倍，是早期「洛杉磯」級潛艇的70倍。此外，美國海軍甚至做出一種更加令人瞠目結舌的比較：一艘「海狼」級潛艇即使以25節航速行進，它所產生的噪聲也比一艘停靠在碼頭的「洛杉磯」級潛艇要小。然而，在「海狼」級潛艇的建造和海試期間，由於音響面板出現故障等原因，還是出現了一些噪聲方面的問題。

「海狼」級潛艇的雙層甲板魚雷艙內配置8具魚雷發射管，能夠同時對付多個目標。如今，「海狼」級潛艇昔日的目標——拋錨在摩爾曼斯克和符拉迪沃斯托克港口內的蘇聯核潛艇，正在日復一日地逐漸銹蝕，而「海狼」級憑藉著出色的隱身接敵性能，越發受到美國海軍的珍愛和器重。2001年12月，第三艘同時也是最後一艘的「海狼」級潛艇「吉米·卡特」號服役，它的艇身加長了30.5米，專門用來搭載蛙人輸送艇和戰鬥蛙人，8名蛙人及其作戰裝備通過一具內置發射管進行投送。

武器系統

3艘「海狼」級潛艇均能夠發射「戰斧」式戰術對地攻擊巡航導彈，同時還配置了8具660毫米口徑的魚雷發射管，可攜帶總數50枚的魚雷和導彈，或者可攜帶100枚水雷。據信，該級潛艇未來將能夠攜帶、投射和回收無人水下航行器。「海狼」級潛艇裝備了非常先進的電子系統，其中包括1套BSY-2型聲吶系統（由1部主動或被動聲吶陣列和1部寬孔徑被動側翼聲吶陣列組成）、TB-16型和TB-29型監視和戰術拖曳陣列、1部BPS-16型導航雷達和1部雷聲公司研製的Mk2型武器控制系統。此外，該級潛艇還配置了包括WLY-1型先進魚雷誘餌系統在內的電子對抗系統。

「海狼」級潛艇有著強大的機動能力，並且為未來的武器系統升級提前預留出了足夠的空間。儘管擁有威力強大的武器系統、極其優異的靜音性能以及先進的電子裝置，但「海狼」級潛艇迄今尚未參加過真正的戰鬥。

技 術 規 格

「海狼」級

類型：核動力攻擊潛艇

排水量：8080 噸（水面），9142 噸（水下）

艇體尺寸：長 107.6 米；寬 12.9 米；吃水 10.7 米

推進系統：1 座 S6W 型壓水式反應堆驅動蒸汽渦輪機，輸出功率 38770 千瓦

航速：水面 18 節，水下 35 節

下潛深度：487 米

魚雷管：8 具 660 毫米口徑魚雷發射管，50 枚「戰斧」巡航導彈和 Mk48 型魚雷，或者 100 枚
水雷

電子裝置：1 部 BPS-16 型導航雷達，1 部 BQQ-5 型聲吶系統(配置艇艏球形主動 / 被動聲吶陣列)，
TB16 型和 TB29 型監視和戰術拖曳陣列聲吶，1 部 BQS-24 型主動近程探測聲吶

人員編制：134 人

下圖：SSN-22「康涅狄格」號

左圖：「海狼」號（SSN-21）正於水面高速航行。艇艏迸濺四散的巨大浪花昭示出這樣一個事實：核潛艇真正的理想航行環境是在深海而非海面。

艇體：「海狼」級潛艇的建造有賴於一種可將鋼材組合為耐壓鋼板、艇體分段及大型圓柱構件的新型焊接材料。該級艇的艇殼完全由 HY-100 型高耐壓鋼建造，而此前的美國潛艇的艇殼材料則是上一代 HY-80 型鋼。

電子設備：「海狼」號的電子設備一方面可升級為海軍戰鬥群信息處理中心，一方面還可快速切換至陸戰支援角色

潛望鏡：「海狼」號擁有兩具主潛望鏡，其指揮台圍殼為在北極冰蓋下活動而作了特別加強。

武備：為同時對付多個目標，「海狼」號擁有八具魚雷發射管及雙層魚雷艙，其魚雷管數量比前代「洛杉磯」級艇多一倍，彈藥艙則要大出三分之一。

特種作戰艙室：「海狼」級三號艇「吉米·卡特」號擁有可支援特種作戰部隊的乾燥甲板掩蔽艙（DDS）及先進海豹輸送系統（ASDS）。前者為一種背負於潛艇上方的氣力輸送裝置，可用來收貯並施放蛙人載具以及戰鬥蛙人。

主機：「海狼」號裝有一座 S6W 型反應堆，該艇水下噪聲極小，故而擁有很高的戰術速度（即指潛艇在特定狀態下的潛航速度，在維持戰術速度時，潛艇應能有效追蹤敵方潛艇同時確保不被發現）。

內部佈局

核動力潛艇通常擁有兩個逃生艙，艇艏艇艉各一個。逃生艙內一次可容納兩名艇員。

1. 壓力容器：逃生艙的主體是一個高 2.4 米（8 英尺）、直徑 1.5 米（5 英尺）的壓力容器，內部較為逼仄。
2. 逃生服：艇員配備的逃生服為亮紅色，以便搜救人員進行定位確認。
3. 斯坦福頭罩：艇員配發的「斯坦福頭罩」由救生背心及面部呼吸機組成。
4. 艙口：逃生艙艙口與艇體的耐壓強度相等。
5. 通氣口：逃生艙一側的通氣口借由「斯坦福頭罩」與為艇員提供氧氣。
6. 補給物資：當潛艇泊於港內時，補給品與裝備通常經由逃生艙運入艇內。

「弗吉尼亞」級

本圖：SSN-775「得克薩斯」號

　　20世紀80年代後期和90年代初期，美國海軍開始尋求一種具有多重任務角色的新型潛艇，可以看出，隨著蘇聯解體和冷戰結束，美國地緣政治關注的焦點迅速變化。美國海軍要求潛艇能在不確定的環境中更具有靈活性，基於這種需求，設計出了單軸核動力潛艇。這種潛艇不僅能在廣闊的深水執行任務，還能在受限水域作業，並支持地面行動。美國海軍希望強調潛艇的質量，而不是數量，這也是一直以來的要求，但同時必須是現實中可承受的設計。根據1985年公佈的預計成本，每艘「弗吉尼亞」級潛艇大約耗資16.5億美元，美國海軍在1998年第一艘潛艇下水後會陸續建成30艘此級別的潛艇。

本圖：SSN-778「新罕布什爾」號

上圖：SSN-776「夏威夷」號

上圖：SSN-777「北卡羅萊納」號

1991年，美海軍開始SSN-774潛艇的論證和設計工作，1996年簽訂合同，由通用動力公司電船部研製。首艇「弗吉尼亞」號於1998年開工建造。該級潛艇也更名為「弗吉尼亞」級潛艇。

「弗吉尼亞」級核潛艇的設計體現了最佳效費比原則，是一種高性能、低價位的潛艇，它能夠對付敵方的各種威脅，既能實施傳統的遠洋反潛、反艦作戰，又可以用於淺水作戰環境中的多種作戰行動，包括攻擊式/防禦式佈雷、掃雷、特種部隊投送/回撤（美國先進蛙人輸送系統規劃）、支援航母作戰編隊、情報收集與監視、對陸攻擊等。

「弗吉尼亞」級核潛艇保留了「海狼」級攻擊型核潛艇的降噪技術和作戰系統的性能，同時減少艇上的武器載荷

和武器的投放速度，減少最大下潛深度和艇員人數。

SSN-774可以擔負隱蔽對陸攻擊、反潛作戰、情報搜集和偵察、攻擊水面艦船、輸送特種作戰人員、佈雷和支援航母戰鬥群等多種戰鬥任務。既能在深海作戰，也能在淺水海域執行任務。

為了在淺海水域作戰，並考慮水面偵察及配合水面艦艇作戰，SSN-774裝備了先進的光電桅桿潛望鏡，該桅桿頂端裝有各種光學和電子設備，但桅桿本身佈置在耐壓殼體外部的指揮台圍殼內，並不穿透耐壓殼體。潛望鏡觀察到的信號可通過光纖傳輸到艙內顯控台上的顯示器上，該桅桿升降靈活，功能齊全，同時也為潛艇佈置帶來方便。

為了防止在淺水海域活動遭受敵人

本圖：SSN-774「弗吉尼亞」號

水雷的襲擊，該艇設有消磁系統，能隨時進行補充消磁，減少磁通量。該艇還設有避雷系統，能及時探測到敵人布設的水雷並進行躲避。

該級艇除採用敷設消聲瓦、裝備超靜低聲核反應堆等隱身措施外，還非常注意指揮台圍殼的隱身設計，以降低浮出水面被雷達探測到的可能性。

SSN-774的另一大特色是貫徹了降低費用的設計原則，為此採取了一系列措施：

（1）盡可能採用「海狼」級和「洛杉磯」級潛艇的新技術，如低噪聲的S6W反應堆、魚雷發射管的設計方案、泵噴射推進器及各種隱身技術等，以節約研製經費。

（2）核動力的設計體現在30年的全壽命週期內不換料，這樣可以省去上億美元的全壽命週期費用。

（3）更新設計觀念，使指揮台圍殼內的升降裝置不再穿透耐壓艇體，採用電子組件連接的桅桿，既為佈置帶來了好處，又降低了設計費用。

（4）廣泛採用計算機輔助設計工具，使整個設計既方便又節約。

（5）採用開放式的C3I系統結構，在電子設備的設計中應用部分商用產品，顯著地降低了費用。

（6）採用了模塊化設計，該艇在總體設計上不但在動力、控制、武器等方面採用模塊化的獨立艇體結構或甲板，還可根據執行任務的不同，裝配不同的結構模塊，組成不同類型的潛艇，從而在SSN-774的基本型上能很快地擴展為其他類型的潛艇。SSN-774備有發射彈道導彈的艙段模塊，使之可發展為彈道導彈核潛艇，可用來替代2010年退役的彈道導彈核潛艇，變為戰略核打擊力量；設置能容納特種作戰人員的艙區模塊，使該艇可以達到特種作戰潛艇的輸送能力。

模塊化設計不僅能為系統的全壽命費用做出貢獻，而且可以對整個國防費用的節約產生深遠的影響。

美國先進蛙人輸送系統

先進蛙人輸送系統是一種干式微型潛艇，它採用先進的安靜式推進系統，設兩名艇員，可秘密運送或回撤一個「海豹」特種作戰小隊。該系統用於執行遠距離特種作戰行動，可從攜帶潛艇上釋放，也可從兩棲戰艦的井型甲板上下水。與目前的濕式蛙人運送艇不同，該系統不需要在攜帶潛艇上安裝干甲板掩蔽艙，也不像如今

的濕式輸送艇那樣長時間浸泡在冷水中，可大大降低特種作戰部隊的身心疲勞程度。

按計劃，第一艘先進蛙人輸送艇於1999財年完成系統綜合與測試工作，並配屬到夏威夷珍珠港的第一「海豹」輸送艇小隊。另外，有關部門還在對現役潛艇進行改裝，以使其能夠攜帶先進蛙人輸送系統。新一代「弗吉尼亞」級攻擊型潛艇已專門設計成可攜帶這種輸送艇。

多用途水下戰平台

「弗吉尼亞」級的攻擊型核潛艇水下排水量為7700噸，主尺度長為114.9米、高10.4米、寬9.3米。艇上裝備的一座S9G型壓水堆可保證該級核潛艇達到水下28節的最高航速。這一最高航速指標不但比「洛杉磯」級核潛艇的33節、「海狼」級核潛艇的35節的最高水下航速低，甚至比美國海軍在20世紀70年代建造的「鱘魚」級攻擊型核潛艇的水下最高30節航速還要低一些。從表面上來看，這似乎是一種倒退，但是，美國海軍一些潛艇戰的專家認為，這種程度的水下航速足可保證「弗吉尼亞」級攻擊型核潛艇勝任在世界各種海域，特別是在淺水

海域對付常規動力潛艇以及執行多種任務。

「弗吉尼亞」級攻擊型核潛艇的下潛深度為260米，與「洛杉磯」級攻擊型核潛艇的450米的下潛深度相差將近一半，與「海狼」級攻擊型核潛艇600米的下潛深度相差340多米。由此我們可以看出「弗吉尼亞」級攻擊型核潛艇所體現出來的重在淺水海域從事作戰活動的基本設計思想。

「弗吉尼亞」級攻擊型核潛艇上裝備有12個「戰斧」巡航導彈的垂直發射筒，可發射射程為2500千米的攻擊陸地目標型的「戰斧」巡航導彈，能夠對陸地縱深目標實施打擊。另外，「弗吉尼亞」級攻擊型核潛艇上還裝備了4具533毫米魚雷發射管。這4具魚雷發射管除了可以發射MK48型魚雷、「捕鯨叉」反艦導彈以及布放水雷之外，不可發射/回收水下無人駕駛遙控裝置。這種水下無人駕駛遙控裝置上裝備有聲學和非聲學傳感器、無線電和視頻信號傳感器、目標識別和分類裝置等，它可以在遠離「弗吉尼亞」核潛艇的海域完成警戒、偵察以及反潛戰等方面的任務，大幅度地增強「弗吉尼亞」級攻擊型核潛艇的水下探測和偵察能力。此外，利用「弗吉尼亞」級攻擊型核潛艇上的533毫

米魚雷發射管還能發射可以遙控的無人空中飛行器。無人空中飛行器可以完成對陸地目標的偵察，並可把偵察結果實時傳輸給「弗吉尼亞」級核潛艇，保證「弗吉尼亞」級核潛艇能夠對陸上目標實施精確打擊。

為了支持特種作戰任務，「弗吉尼亞」級核潛艇上專門裝設了一個可以放出和回收的特種人員運載器以及與其對接的艇上接口。特種人員運載器可容納9名特種作戰人員和為執行特種任務所需要的各種裝備。「弗吉尼亞」級核潛艇把特種人員運載器在水下秘密遣送出去之後，特種作戰人員可執行救援、搜索、破襲、情報收集以及引導空中打擊等任務，完成上述任務之後，特種作戰人員可以利用運載器隱蔽地返回「弗吉尼亞」級核潛艇。

「弗吉尼亞」級核潛艇的艇體採用了計算機技術支持的模塊化設計，各分艙可按照具有不同功能的艙段模塊分別建造。該級核潛艇的主機艙採用浮筏減震的整體模塊設計，大幅度降低了艇上噪音。另外，「弗吉尼亞」級核潛艇推進設備使用的動力電纜和閥門、斷路器、泵等，其數量僅分別為「洛杉磯」級攻擊型核潛艇的

50％、40％和30％左右。由此可見，「弗吉尼亞」級核潛艇至少可以保持或者甚至優於「海狼」級核潛艇的安靜性，因此它將是世界上最安靜的核潛艇之一。

現在有9艘已服役：2004年交付的「弗吉尼亞」號（SSN-774）；2005年交付的「得克薩斯」號（SSN-775）；2006年交付的「夏威夷」號（SSN-776）；2007年交付的「北卡羅來納」號（SSN-777）；2008年11月25日交付的「新罕布什爾」號（SSN-778）；2010年交付的「新墨西哥」號（SSN-779）；2010年交付的「密蘇里」號（SSN-780）；2011年交付的「加利福尼亞」號（SSN-781）；2012年交付的「密西西比」號（SSN-782）。這些潛艇均由兩家公司製造：通用動力公司和紐波特紐斯造船廠。

本圖：SSN-781「加利福尼亞」號

技 術 規 格

長度：潛艇長 115 米，水下排水量為 7700 噸，水下航速 28 節，主動力裝置為一座壓水核反應堆
　　　加兩台同軸汽輪機驅動的泵噴射推進器。

排水量：7800 噸（水面）

速度：超過 25 節

船員：134 名軍官和其他職銜的人員

裝備：MK48-5 型魚雷、「魚叉」反艦導彈、「戰斧」巡航導彈、小型反潛魚雷和水下運載器，
　　　水下發射的反直升機防空導彈的可行性正在評估中。SSN-774 的雷彈攜帶量為 38 枚。

下圖：SSN-782「密西西比」號

本圖：SSN-780「密蘇里」號

本圖：SSN-779「新墨西哥」號

兩棲作戰艦艇
Amphibious Warfare Vessels

美國海軍擁有眾多強大的兩棲戰鬥群，這些戰鬥群包括各種不同種類的艦艇，用來運送遠征部隊到世界各地，並可以通過常規艇或氣墊登陸艇以及數量眾多的直升機把部隊部署到岸上。一些戰鬥群還攜帶有直升機和固定翼直升機，以提供及時的火力支援，並執行反潛任務。這些艦艇或者是單一功能的，比如雜務指揮艦和「藍嶺」級指揮艦，或者是能執行多種與兩棲部隊相關任務的艦艇。在這些眾多的各種大型船艦中扮演重要角色的是被稱為LHA、LHD的兩棲突擊艦，以及被稱為LPD和LSD的船塢登陸艦和兩棲輸送艦。這些艦艇被分別部署在大西洋和太平洋，主基地都在東海岸或西海岸，但也有一些是海外部署的，主要以日本為基地。

本圖：暱稱為「死亡之星」的「科羅拉多」號正航行在威基基附近海域。該艦正在參加演習。

上兩圖：指揮艦「藍嶺」號回訪悉尼港，該艦正在前往位於澳大利亞悉尼烏盧姆魯的海軍碼頭的路上，
這將是一次美好的訪問。

「藍嶺」級

上圖：「好人理查德」號（LHD-6）上的水手整齊列隊。該艦途徑聖迭戈市區前往阿拉伯灣執行「南方守望行動」的軍事部署，這是它的首次部署。

　　「藍嶺」級指揮控制艦包括「藍嶺」號以及「惠特尼山」號，建造的主要目的是為在大西洋和太平洋的美國海軍兩棲艦隊提供指揮控制艦艇。它們取代了老化的指揮艦，這些指揮船的艦齡可以追溯到第二次世界大戰時期，已經無法支持更為現代化的超過20節的兩棲戰鬥艦。該級艦的設計是「硫磺島」級兩棲直升機母艦。「硫磺島」級兩棲直升機母艦的機庫空間被改裝成指揮控制室、軍官室、艦員室。以前的飛行甲板也被改裝，具備更大的艦體中部上層建

築和更小的艦尾結構。監視、參謀、通信部門沿甲板順序排列。該級艦被設計用於搭載兩棲任務部隊指揮部、海軍陸戰隊登陸部隊、空中指揮控制大隊和他們的成員。除艦員外，該級艦還提供了額外的舖位，以搭乘200名軍官和500名士兵。費城海軍造船廠負責建造「藍嶺」號，弗吉尼亞紐波特紐斯造船廠建造「惠特尼山」號，「藍嶺」號於1970年11月14日開始服役。儘管原定要承擔兩棲指揮任務，但這兩艘戰艦後來都成為艦隊旗艦。「藍嶺」號的母港設在日本的橫須賀，從1979年以來一直承擔這一任務。「惠特尼山」號則在1981年成為美國第二艘艦隊旗艦，母港設在弗吉尼亞的諾福克。

下圖：「藍嶺」級指揮艦是戰後美國海軍為適應兩棲作戰需要而發展的一級指揮艦，首艦「藍嶺」號 (LCC-19) 於 1967 年 2 月開工建造，1970年 11 月建成服役，後續艦「惠特尼山」號（LCC-20) 於 1971 年 1 月服役，同級共 2 艘，主要用於遠距離大規模登陸，在登陸作戰中對登陸編隊實施統一指揮。

技術規格

長度：634 英尺
排水量：18874 噸（滿載）
速度：23 節
船員：52 名軍官；790 名士兵
裝備：兩個密集陣近程防禦武器系統
直升機：通常為 1 架 SH-3H「海王」直升機，但除 CH-53「海上種馬」直升機外，可以搭載美國
　　　　海軍的大多數直升機

「奧斯汀」級

「奧斯汀」戰艦被劃分為兩棲船塢登陸艦（LPD），其任務是利用直升機、傳統或氣墊登陸艇輸送和裝載攻擊力量，在敵對海岸登陸，通常是海軍陸戰隊或小型特種部隊。在20世紀60年代開始建造這一級別的戰艦時，計劃建造12艘。由幾家造船廠，包括紐約海軍造船廠、英格斯造船廠和洛克希德造船廠分別建造。首艦「奧斯汀」號（LPD-4）於1965年2月6日開始建造，1971年全部建成，這些戰艦（LPD4-10和12-15）至今仍在服役，是美國海軍最老的戰艦之一。該級別的戰艦被用以替代建於1962—1963年的兩艘「羅列」級兩棲船塢登陸艦。兩型的主要區別在於船體長度，「奧斯汀」級在船尾塢艙的前部增加一個50英尺的分段。這一調整使甲板下容納車輛和貨物的空間增加了近一倍，並可以在上層結構的後面增加一個伸縮式機庫。但是，「奧斯汀」搭載的部隊的數量並不會比「羅列」級多，在雙棲中隊旗艦LPD7-13上甚至更少。這11艘「奧斯汀」級的基地分佈於加利福尼亞州的聖迭戈（5艘）、日本的佐世保（1艘）、弗吉尼亞州的諾福克（5艘）。新型的「聖安東尼奧」級開始服役時，該級艦將會逐漸退役。

技術規格

長度：570 英尺

排水量：17000 噸（滿載）

速度：21 節

船員：24 名軍官；396 名其他職銜的人員

裝備：兩挺 Mk.38 型 25 毫米炮；8 挺 0.5 口徑重機槍；兩個密集陣近程防禦武器系統

飛機：可搭載 6 架 CH-46「海上騎士」直升機

搭載能力：900 名水兵

上圖：「奧格登」號（LPD-5）離開
在加利福尼亞聖迭戈的海軍基地碼
頭，水手們在戰艦上列隊。「奧格登」
號搭載第一遠征攻擊群（ESG-1），
以「佩雷里烏」號（LHA-5）為旗艦。
遠征攻擊群是增加了火力和作戰能
力的海軍兩棲作戰部隊。

右圖：兩棲戰艦「卡特霍爾」號
（LSD-50）和「硫黃島」號（LH-
D7）離開利比里亞海岸。「硫黃島」
號兩棲戰鬥群在該海域支援針對其
首都蒙羅維亞騷亂的維和行動。

「聖安東尼奧」級

上圖：「聖安東尼奧」級是美國海軍的新的主級兩棲船塢運輸艦，它計劃取代4級艦，即船塢運輸艦（LPD-4）、坦克登陸艦（LST）、兩棲貨船（LKA）和船塢登陸艦（LSD-36）。首艦命名為「聖安東尼奧」號（San Antonio），並於1996年簽訂了建造合同。

這級戰艦建造目的是替代4級美國海軍的老化的兩棲戰艦。該級戰艦在艦體和上層結構的設計上都採用了隱形技術，主要任務是利用直升機或是登陸艇運送和部署各種部隊，從海軍陸戰隊遠征單位到特種部隊。建造新級別「聖安東尼奧」號（LPD-17）的合同簽訂於1996年12月，建造始於2000年8月，由諾斯羅普·格魯曼船系統公司承擔建造任務，雷神系統公司和鷹圖公司輔助建造。至2002年12月「聖安東尼奧」號的大半工作已經完成，建造更多該級別戰艦的合同也得以簽訂，即1998年12月

簽訂的「新奧爾良」號（LPD-18）以及2000年5月簽訂的「格林灣」號（LPD-20）。原定交給巴斯鋼鐵公司造船廠建造的第4艘戰艦「梅薩維德」號（LPD-19）轉交給了諾斯羅普公司建造，以此來交換之前贏得的建造伯克級導彈驅逐艦的合同。第5艘「聖安東尼奧」級戰艦被命名為「紐約」號，以紀念雙子塔襲擊。該艦有大約25000平方英尺的甲板空間，同時能容納約34000立方英尺的物資和貨物。美國海軍目前的「聖安東尼奧」級LPD戰艦的訂單總數為12艘。

技 術 規 格

長度：684 英尺
排水量：24900 噸（滿載）
速度：超過 22 節
船員：28 名軍官，333 名其他職銜的人員
裝備：2 個滾動彈體導彈發射器；2 個「大蟒蛇」II 近程防禦武器系統
飛機：2 架 CH-53E「超級種馬」直升機或多達 4 架 CH-46「海上騎士」直升機，MV-22「魚鷹」傾轉旋翼飛機，或 AH-1、UH-1 直升機
搭載能力：800 名水兵

機械和通用登陸艇

第二次世界大戰期間，為了適應美軍在太平洋的越島作戰，運送人員、物資、重武器登陸或由於港口設施的需要，發展了這兩種艇。登陸艇的主要缺點是航速慢，要花很多時間裝載並且無法移動到島上，這與通用氣墊登陸艇不同。儘管3個級別的機械登陸艇和通用登陸艇承擔同樣的任務，但前者的裝載量要小於後者。其他主要區別在於，機械登陸艇只有一個艉門跳板用於裝載和卸載，這就意味著需要花更多時間進行回轉。而通用登陸艇具備滾裝能力，在船艏和船艉都有跳板，這樣裝載和卸載更加方便。

本圖：一般通用登陸艇從「埃塞克斯」號上把第 31 海軍遠征部隊運往菲律賓蘇比克灣。

技 術 規 格

數據：8 型機械登陸艇

長度：73 英尺 7 英吋

排水量：105 噸（滿載）

速度：12 節

範圍：9 節速 190 英里（滿載）

船員：5 名

承載能力：1 輛 M48 或 M60 坦克；或 200 名人員部隊；或 180 噸物資

技 術 規 格

數據：1610、1627 和 1646 級通用登陸艇	數據：6 型機械登陸艇
長度：134 英尺 9 英吋	長度：56 英尺 2 英吋
排水量：375 噸（滿載）	排水量：64 噸（滿載）
速度：11 節	速度：9 節
範圍：8 節速 120 英里（滿載）	範圍：9 節速 130 英里（滿載）
船員：14 名	船員：5 名
承載能力：125 噸	承載能力：34 噸物資或 80 名人員
裝備：兩挺 12.7 毫米機槍	

下圖：一名當地男孩望著通用登陸艇靠近海岸，卸載美國海軍陸戰隊人員和裝備。

氣墊登陸艇

常規登陸艇有兩個明顯的缺點：只能把人員和設備輸送到海岸邊上，不能繼續深入陸地；只能登陸那些能進行作業的海灘（大約15%的可能登陸地點適合常規登陸艇）。通用氣墊登陸艇（LCAC）是解決這些問題的嘗試。它們可以沿海灘移動並且深入陸地，且不會受到如珊瑚暗礁的阻礙，事實上，它們可以登陸世界上90%的海岸線。這種登陸艇要比常規登陸艇更快，因此從船到岸的速度也會更快。這種概念得益於20世紀80年代惠德貝灣級船塢登陸艦，它主要用來操作氣墊艇，第一台通用氣墊登陸艇於1982年交付使用。

建造工作交給了達信公司海上和陸地系統分部，以及埃文戴勒·格爾夫波特海上公司。到1986年有33艘交付使用。在隨後的時間里又有幾十艘交付使用：1989年有15艘，1990—1991年有12艘，到1995年美國海軍擁有82艘通用氣墊登陸艇。它們可以運送60~75噸部隊、物資、重型武器及裝甲車。通用氣墊登陸艇由4台TF-40B燃氣輪機驅動，其中兩台用於前進驅動，另外兩台用於提升。

左圖：兩艘通用登陸氣墊艇進入「巴丹島」號（LHD-5）兩棲船塢登陸艦的塢艙，準備執行其首次部署任務。

技術規格

長度：87 英尺 11 英吋

排水量：87.2 噸（空載）；172~182 噸（滿載）

速度：40 節（滿載）

範圍：40 節速 2000 英里（滿載）

船員：5 名

裝備：2 挺 12.7 毫米機槍，M-2HB 0.5 英吋口徑重機槍，Mk.19 型 40 毫米榴彈發射器以及 M60 機槍

承載能力：24 名士兵或一輛主戰坦克

下圖：在南加利福尼亞海岸附近舉行的兩棲作戰演習中，美國海軍第 5 突擊艇部隊的一般氣墊登陸艇正將海軍陸戰隊員和物資運送到「佩勒利烏」號兩棲攻擊艦上。

「惠德貝島」級

右圖：「康斯托克」號錨泊在阿拉斯加汐地卡灣東海峽中，該艦正參加「北嶺2000」演習。

右圖：「康斯托克」號錨泊在阿拉斯加汐地卡灣東海峽中，該艦正參加「北嶺2000」演習。

在「安克雷奇」級戰艦的基礎上，美國海軍建造出了「惠德貝島」（Whidbey Island）級登陸艦，用於替代「托馬斯」級兩棲船塢登陸艦。第一艘「惠德貝島」號在1981年開工建造。1988年，該級戰艦的建造計劃從8艘增加到了12艘，最後4艘戰艦形成一個戰艦子集——「哈珀斯·費里」（Harpers Ferry）級兩棲船塢登陸艦，提高了貨運能力。LSD-41級兩棲船塢登陸艦取代了陳舊的LSD-28級兩棲船塢登陸艦，後者在20世紀80年代結束了服役生涯。

裝載氣墊船

「惠德貝島」級兩棲船塢登陸艦是第一種被設計成能搭載氣墊登陸艇的戰艦。氣墊登陸艇在風平浪靜的海況條件下能夠裝載60噸的有效載荷，以超過40節的速度航行，使得兩棲突擊作戰的距離更遠，並能突擊多種類型的海灘。「惠德貝島」級的船台甲板尺寸為134.1米（440英尺）長，15.2米（50英尺）寬，能夠容納4艘氣墊登陸艇，這種性能優於任何兩棲突擊艦。

「惠德貝島」級的兩種戰艦子集之

上圖：美國海軍一艘「惠德貝島」級兩棲船塢登陸艦從艦艉船台甲板上卸載一艘氣墊登陸艇。在這艘艦上，通常用於停放 CH-53 型直升機的直升機甲板上堆積著各種物資。

右圖：「阿什蘭德」號（LSD-48）正行駛在地中海，該艦作為東兩棲戰鬥群的一員參與「持久自由行動」。

左圖：海軍陸戰隊的一架 CH-46「海上騎士」直升機正準備降落在「麥克亨利堡」上。該艦正在澳大利亞參加演習。

間最明顯的區別在於「哈珀斯·費里」級僅裝備1台起重機。此外,「惠德貝島」級(LSD41~48)的「密集陣」近戰武器系統配置在艦橋頂部,而「哈珀斯·費里」級的近戰武器系統則位於上層建築的前下方。

戰艦的自衛能力

1993年6月,「惠德貝島」號試驗了「快速反應作戰能力」系統。1987年5月17日,在伊拉克使用「飛魚」導彈攻擊美國海軍「斯塔克」號戰艦後,美國海軍開始高度關注在戰艦上綜合使用RIM-116A型導彈、「密集陣」近戰武器系統和AN/SLQ-32電子戰系統。如今,所有「惠德貝島」級戰艦上全部裝備了這套由上述幾種系統組成的艦艇自防禦系統。

「惠德貝島」級戰艦通常借助4艘氣墊登陸艇、21艘機械化登陸艇或3艘通用登陸艇運送1個海軍陸戰隊營。還可以選擇另外一種方案:乘坐64輛AAV7A1型兩棲履帶式裝甲人員輸送車登陸。「哈珀斯·費里」級所裝載的登陸艇數量較少:2艘氣墊船、9艘機械化登陸艇或者1艘通用登陸艇。艦上除了裝備積極防禦的防空、反導彈的火炮和導彈外,還採用廣泛的被動防禦措施。艦上有1套功能強大的電子監視系統,配以能夠「誘導」來襲導彈的干擾火箭。此外,AN/SLQ-49型干擾浮標在中等海況條件下的有效性能夠持續數小時,這是因為,該型浮標能夠產生比戰艦更強的雷達信號。「水精」誘餌系統對來襲的魚雷具有同樣的效果。

第一批2艘「惠德貝島」級戰艦的造價超過3億美元。最後4艘戰艦平均造價為1.5億美元。1996年,據有關數據表明,一艘「惠德貝島」級戰艦每年的使用和維護費用大約2000萬美元。

本圖:從空中俯瞰試航中的兩棲船塢登陸艦「奧克希爾」號(LSD-51)。

本圖：美國海軍「惠德貝島」級兩棲船塢登陸艦不但擁有巨大的貨物空間，還配備了非常高效的自衛武器系統。圖中所示是「Gunston Hill」號，舷號為 LSD-44。

技 術 規 格

「惠德貝島」級和「哈珀斯‧費里」級登陸艦

排水量：滿載排水量 15726 噸（LSD41~48），或者 16740 噸（LSD49~52）

艦艇尺寸：艦長 185.8 米；艦寬 25.6 米；吃水深度 6.3 米

動力系統：4 台柴油發動機，輸出功率為 24272 千瓦（33000 軸馬力），雙軸推進

航速：22 節

航程：8000 海里（14730 千米或 9206 英里）/18 節（時速 33 千米或 20 英里）

人員編制：22 名軍官和 391 名士兵

海軍陸戰隊員：402 名，最多可搭乘 627 名

物資運輸能力：「惠德貝島」級擁有 141.6 立方米的空間存放一般物資，1161 平方米的平面空間用
　　　　　　　於停放車輛（其中包括船台甲板中 4 艘預先裝載的氣墊船）；「哈珀斯費里」級
　　　　　　　登陸艦擁有 1 914 立方米的物資存放空間，1877 平方米的平面空間用於存放運輸卡
　　　　　　　車，但僅能夠裝載 2~3 艘氣墊登陸艇

武器系統：2 門通用動力公司的六管 20 毫米口徑「密集陣」Mk15 型火炮，2 門 25 毫米口徑 Mk38
　　　　　星火炮，8 挺或更多 12.7 毫米口徑機槍

電子對抗措施：4 座 SRBOC 六管 Mk36 型干擾物發射裝置，1 套 AN/SLQ-25「水精」聲響魚雷誘餌，
　　　　　　　AN/SLQ-49 干擾物浮標，AN/SLQ-32 雷達告警 / 干擾發射台 / 誘騙系統

電子系統：1 部 AN/SPS-67 對海搜索雷達，1 部 AN/SPS-49 對空搜索雷達，1 部 AN/SPS-64 導航
　　　　　雷達

艦載機：2 架 CH-53「海上種馬」直升機（僅有一個直升機起降平台）

「哈珀斯・費里」級

「哈珀斯・費里」級船塢登陸艦是「惠德貝島」級的改進版本。事實上，這兩種類型的登陸艦在佈局、外觀等所有方面有90%左右都是一致的，主要不同在於運送貨物的能力。前者運送能力更強一些，起因於1987年美國海軍提出的被稱為LSD-41（載貨改變）的要求。設計者對海軍要求的反應是把通用氣墊登陸艇從「惠德貝島」級的4艘降到新船塢登陸艦的2艘，並利用減少的船塢空間來存儲額外物資。建造工作由路易斯安那的埃文戴勒工業公司承擔，首艦「哈珀斯・費里」號（LSD-49）於1975年1月7日開始服役。現在美國海軍中有4艘還在服役，基地分別位於加利福尼亞州的聖迭戈（1艘）、日本的佐世

技 術 規 格

長度：609 英尺
排水量：16708 噸（滿載）
速度：超過 20 節
船員：22 名軍官，379 名其他職銜的人員
裝備：2 個密集陣近程防禦武器系統；2 挺
　　　Mk.38 機槍；6 挺 0.5 英吋口徑機槍
登陸艇：2 艘通用氣墊登陸艇
承載能力：504 名士兵

上圖：「康斯托克」號錨泊在阿拉斯加汐地卡灣海峽的入口處，該艦正參加演習。

保（1艘）、弗吉尼亞州的利特爾克里克（2艘）。與「惠德貝島」級相同，「哈珀斯·費里」號（LSD49-52）主要被用來運送海軍陸戰隊遠征部隊到敵方海灘，然後利用直升機或登陸艇運送人員和裝備登陸。該戰艦的船尾飛行甲板可在任何時候降落兩架CH-53D「海上種馬」直升機，但是並沒有機庫和保障設備。

上圖：「哈珀斯·費里」號在完成醫藥和人道主義救援任務後，在東帝汶附近海域的黃昏中航行。

右圖：「哈珀斯·費里」號穿過阿拉伯灣，正在支持第5艦隊軍事行動。

「塔拉瓦」級

　　美國海軍「塔拉瓦」級大型多用途攻擊艦集中了直升機母艦、兩棲船塢運輸艦、兩棲指揮艦和兩棲貨物運輸艦的功能於一身。該級戰艦最初計劃建造9艘，但由於越南戰爭的結束以及美國削減防務預算，最終決定建造5艘。1971—1978年，英格爾斯造船廠依靠多種造艦技術建造了這批戰艦。

　　戰艦各個邊大約有2/3處都是垂直的，這是為了最大限度地增加物資可利用的空間。1座長82米（268英尺）、寬24米（78英尺）的機庫以及6.1米（20英尺）的船艙天花板位於艦艉相同尺寸的船台甲板上方。有2台起重機為機庫工

本圖：2002年9月，美國海軍「塞班島」號兩棲攻擊艦（最前面）與「龐塞」號兩棲船塢運輸艦（居上）正在同時接受來自補給油船「帕圖森特」號（居中）的海上加油。

作，一台位於左舷，起重能力為18220千克（40085磅）；另一台是中央起重機，位於艦艉，起重能力更大，為36441千克（80170磅）。一系列共5個載貨能力為1000千克（2205磅）的升降機將塢艙、車輛甲板、貨艙、機庫甲板連接在一起。前面3個升降機用於車輛甲板，使用了1套傳送帶系統。後面2個升降機（位於傳送帶的另一端）用於船台甲板，船台甲板上一個懸掛式貨運單軌系統負責將貨盤提升到登陸艇和機庫甲板上。一塊成一定角度的斜板從機庫一直通向直升機起降甲板上，這樣就能夠直接裝載直升機。

車輛停放艙

塢艙前部（通過斜板將塢艙和直升機起降甲板連接起來）是車輛甲板，這些甲板通常可以容納160輛履帶式車輛、火炮、卡車連同40輛AAV-7A1型兩棲突擊輸送車。船台甲板能夠容納4艘通用登陸艇，或者2艘通用登陸艇和2艘LCM-8機械化登陸艇，或者17艘LCM-6型機械化登陸艇，能夠確保4艘通用登陸艇和8輛AAV-7A1型兩棲突擊人員輸送車同時從船台甲板下水。這些戰艦通常通過一個大型起重機在下水甲板上裝載2艘

LCM6型機械化登陸艇和2艘大型人員登陸艇。機庫裡能夠停放26架CH-46E「海上騎士」或者19架CH-53D「海上種馬」/ CH-53E「超級種馬」直升機，但正常搭載的航空大隊數量是12架CH-46E「海上騎士」直升機、6架CH-53D/E型直升機、4架AH-1W型「超級眼鏡蛇」武裝直升機和2架UH-1N「雙休伊」通用直升機；或者搭載6架CH-46E型、9架CH-53D/E、4架AH-1W和2架UH-1N型直升機。艦上還搭載AV-8「鷂」式系列飛機和OV-10「野馬」固定翼式飛機，其中，AV-8「鷂」式飛機是一種垂直/短距起降戰鬥機，OV-10「野馬」是一種短距離起降觀察/攻擊機。艦上有一個面積464.5平方米（5000平方英尺）的適應性訓練教室，用於對所搭乘的一個1900人的海軍陸戰隊加強營進行可控環境下的訓練。

作為一個兩棲作戰大隊的旗艦，「塔拉瓦」級大型多用途兩棲攻擊艦裝備有戰術兩棲作戰數據系統，用來對該兩棲大隊的飛機、武器、傳感器和登陸艇進行指揮與控制。此外，艦上還裝備了與兩棲指揮艦相同的衛星通信系統和數據自動傳輸系統。有2艘「塔拉瓦」級大型多用途兩棲攻擊艦分配到美國海軍大西洋艦隊，另外3艘則編入太平洋艦隊。

上圖：一般攻擊艦的主要作用是在最短時間內將突擊隊輸送上岸，經過特殊訓練的突擊隊搭乘兩棲突擊車輛投入戰鬥。這是在一次模擬入侵紐芬蘭島的演習中，一輛AAV-7A1型兩棲突擊車從美國海軍「拿騷」號兩棲攻擊艦上駛下，在海灘登陸。在冷戰時期，經常進行此類實戰訓練演習以提高戰鬥技能。兩棲突擊車是海軍陸戰突擊隊的心臟，「塔拉瓦」級兩棲攻擊艦裝載了40輛兩棲突擊車。

本圖：作為美國海軍陸戰隊重型空運能力的中流砥柱，一架CH-53E「超級種馬」直升機正降落在「拿騷」號兩棲攻擊艦上，該艦當時正在加拿大新斯科捨省附近海域活動。在5個現役的直升機中隊中，具有3台發動機的CH-53E「超級種馬」直升機能夠從外部吊起任何1架美國海軍陸戰隊的戰術噴氣機或1輛輕型裝甲車。

長度：820 英尺

排水量：39400 噸（滿載）

速度：24 節

船員：82 名軍官，882 名其他職銜的人員

裝備：兩個密集陣防禦武器系統；3 挺 0.5 英吋口徑重機槍；4 挺 Mk.38 型 25 毫米機槍

飛機（取決於任務的不同）：2 架 CH-46「海上騎士」直升機；4 架 CH-53E「海上種馬」直升機；
　　　6 架 AV-8W「海鷂」攻擊機；3 架 UH-1N 直升機；4 架 AH-1W「超級眼鏡蛇」直升機

承載能力：1900 名士兵

本圖：美國海軍的「拿騷」號（LHA-4）停泊在哈德森河上，參加「千禧年國際海軍慶典」。

左圖：這是美國海軍「貝洛伍德」號兩棲攻擊艦在1987年所拍攝的照片。該艦在艦艏右舷位置依然裝備著1門Mk45型火炮，這種全自動5英吋口徑火炮每3秒鐘就能射擊一次，能將一枚重達30千克（66磅）的炮彈發射至24000米開外。火炮主要用於對海岸進行轟擊，同時還能用來攻擊飛機。

艦載機：「塔拉瓦」級可搭載35架飛機，包括AV-8B「鷂」Ⅱ型飛機、炮艇直升機、重型運輸直升機及攻擊直升機。

飛行甲板：「塔拉瓦」級的飛行甲板設有9處著艦點，可同時停放10架直升機。其島式上層建築位於右舷，直升機升降機則位於左舷。

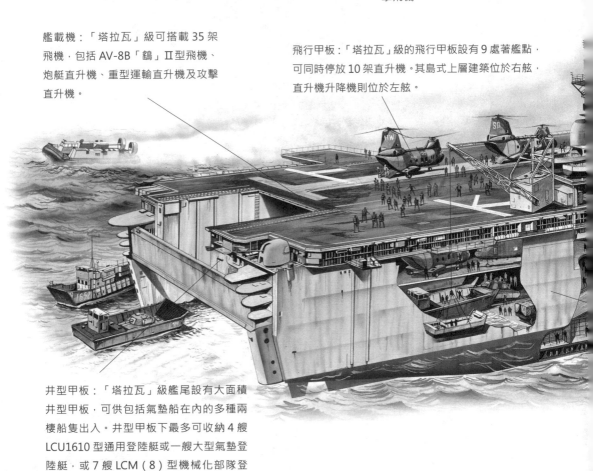

井型甲板：「塔拉瓦」級艦尾設有大面積井型甲板，可供包括氣墊船在內的多種兩棲船隻出入。井型甲板下最多可收納4艘LCU1610型通用登陸艇或一艘大型氣墊登陸艇，或7艘LCM（8）型機械化部隊登陸艇或17艘LCM（6）型機械化部隊登陸艇。

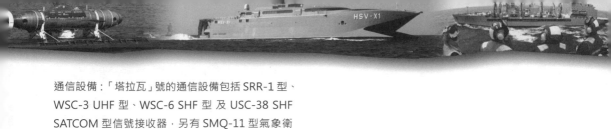

通信設備：「塔拉瓦」號的通信設備包括 SRR-1 型、
WSC-3 UHF 型、WSC-6 SHF 型 及 USC-38 SHF
SATCOM 型信號接收器，另有 SMQ-11 型氣象衛
星信號接收器。

住艙：該艦可搭載約 960 名軍官及超過
2000 名海軍陸戰隊員，全體官兵均擁有
獨立舖位，此外艦上各處均裝有空調設備。

主機：「塔拉瓦」級裝有兩座蒸汽輪機，總功率
51.5 兆瓦（70000 軸馬力），20 節航速下航程
為 16000 千米（10000 英里）。該級艦的推進
系統自動化程度很高。

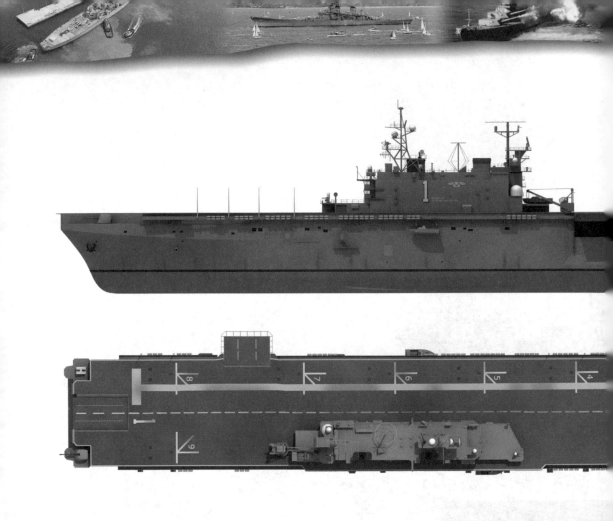

作為新一代通用兩棲攻擊艦，「塔拉瓦」級共建有 5 艘，該級艦集兩棲攻擊艦（LPH）、兩棲船塢登陸艦（LPD）、登陸物資運輸艦（LKA）以及船塢登錄艦（LSD）四種兩棲作戰艦隻的功能於一身。

右圖：「塔拉瓦」號在 1978 年聖誕節假期前回到了加利福尼亞聖迭戈母港，在此前的四個半月中，該艦一直在進行密集的單艦操練課目，艦上的海軍陸戰隊也在同期完成了旨在強化戰力的補充訓練。

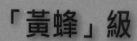

「黃蜂」級

「黃蜂」級戰艦是世界上噸位最大的兩棲攻擊艦，為美國海軍提供了全球範圍內無法匹敵的攻擊敵方海岸的能力。「黃蜂」級還是世界上第一批專門設計成用來同時裝載AV-8B「鷂Ⅱ」戰鬥機和氣墊登陸艇的兩棲攻擊艦。最後3艘該級戰艦建成後，每艘的平均造價高達7.5億美元。美國計劃到2010年部署12支兩棲戒備大隊，屆時，第一艘「塔拉瓦」級戰艦已有35歲。

「黃蜂」級是從「塔拉瓦」級改進而來的兩棲攻擊艦，這些戰艦具有基本相同的艦體和技術設備。指揮、控制和通信中心位於艦體內部，這樣不容易喪失作戰能力。為了便於人員和車輛的登陸和回收作業，這些戰艦的壓載水艙可以容納大約15000噸的海水，用來平衡戰艦的吞吐能力。

「黃蜂」級可以裝載一支2000人的海軍陸戰隊遠征軍，通過搭載的登陸艇

本圖：美國海軍的「拿騷」號（LHA-4）停泊在哈德森河上，參加「千禧年國際海軍慶典」。

將海軍陸戰隊員輸送上岸，或者通過直升機將他們直接投送到內陸地區（即「垂直包圍」戰術）。每艘「黃蜂」級戰艦的甲板面積為81米×15.2米，能夠裝載3艘氣墊登陸艇或者12艘機械化登陸艇。艦上總共能夠裝載61輛AAV7A1型兩棲突擊車，其中，船台甲板上存放40輛，上部車輛存放艙能夠容納21輛。

飛行甲板上設置9個直升機小降落場地，總共停放42架CH-46「海上騎士」直升機；該級戰艦還可以配置1架AH-1型「海眼鏡蛇」攻擊直升機或其他運輸機，例如CH-53E「超級種馬」、UH-1N型「雙休伊」或者是多用途型SH-60B「海鷹」直升機。「黃蜂」級戰艦在執行作戰任務時能夠起降6到8架AV-8B「鷂II」戰鬥機，最多能夠搭載20架。戰艦上有兩台飛機升降機，一台位於艦艇中段左側，另一台位於上層建築的右後側。這些戰艦在通過巴拿馬運河時，不得不將這些升降機向舷內折疊。

艦載機聯隊

艦載機聯隊根據所擔負的任務進行編組。「黃蜂」級兩棲攻擊艦的功能類似於航空母艦，在執行海洋控制任務時能夠操作20架AV-8B戰鬥機和6架反潛直升機。進行兩棲攻擊時，一支典型的艦載機聯隊是由6架AV-8B、4架AH-1W攻擊直升機，12架CH-46「海上騎士」直升機，9架CH-53E型「超級種馬」直升機或者1架「超級種馬」直升機和4架UH-1N型「雙休伊」直升機組成。作為另一種選擇方案，該級戰艦可以單獨搭載42架CH-46型「海上騎士」直升機。

「黃蜂」級戰艦還可以搭載一支各要素構成均衡的戰車部隊，其中包括5輛M1「艾布拉姆」主戰坦克、25輛AAV7A1型裝甲人員輸送車、8輛M198型155毫米口逕自行火炮、68輛卡車和12輛支援車輛。「黃蜂」級戰艦能夠向岸上輸送各種裝備和車輛。在船艙內部，單軌輸送車以每分鐘183米的速度將貨物從儲物艙運至船台甲板，船台甲板通過艦艉艙門朝大海敞開。

每艘戰艦上還設有一個600張床位的醫院，總共有6個手術室，這樣一來就降低了兩棲特混艦隊對於岸上醫療設備的依賴性。

從20世紀90年代中期開始，「黃蜂」級戰艦逐步替換了許多老舊的大型多用途攻擊艦。其中，「巴丹」號是使用預先裝備技術和標準模塊化施工技術建造而成的。建造人員將各個組件組

技 術 規 格

「黃蜂」級兩棲攻擊艦

排水量：41150 噸

艦艇尺寸：艦長 253.2 米；艦寬 31.8 米；吃水深度 8.1 米

動力系統：2 台齒輪傳動式蒸汽輪機，輸出功率為 51485 千瓦（70000 軸馬力），雙軸推進

航速：22 節

航程：17493 千米（10933 英里）/18 節（33 千米／小時）

艦員編制：1208 人

海軍陸戰隊員：1894 名

作戰物資：2860 立方米（101000 立方英尺）用於一般物資，外加 1858 平方米（20000 平方英尺）
　　　的平面空間用於存放車輛

艦載機：部署的數量取決於所擔負的任務，但能裝載 AV-8B 戰鬥攻擊機和 AH-1W、CH-46、
CH-53 型以及 UH-1N 型直升機

武器系統：2 座雷聲公司生產的 Mk29 八聯裝防空導彈發射裝置，發射「海麻雀」半有源雷達自動
　　　尋的導彈；2 座通用動力公司生產的 Mk49 型導彈發射裝置，發射 RIM-116A 型紅外／輻射自動
　　　尋的導彈；3 座通用動力公司生產的 20 毫米口徑六管「密集陣」Mk15 火炮（LHD 5-7 號艦上
　　　僅裝備 2 門）；4 門 25 毫米口徑 Mk38 火炮（LHD 5-7 號艦上裝備 3 門）；4 挺 12.7 毫米口徑
　　　機槍

電子對抗措施：LQ-49 干擾物浮標，AN/SLQ-32 雷達預警／干擾發射台／誘騙系統

電子系統：1 部 AN/SPS-52 型對空搜索雷達或者 AN/SPS-48 型對空搜索雷達（後來的戰艦裝備），
　　　1 部 AN/SPS-49 型對空搜索雷達，1 部 SPS-67 型對海搜索雷達，導航和火控雷達，1 套 AN/
　　　URN 25 型「塔康」戰術空中導航系統

本圖：除了能夠投射一支強大的空中力量之外，
「黃蜂」級兩棲攻擊艦還能夠投送 3 艘氣墊登陸
艇（見圖）或者 12 艘機械化登陸艇。

上圖：在支援「持久自由」行動期間，美國海軍「黃蜂」號通用兩棲攻擊艦（LHD-1）正在航行途中接受「供給」號補給艦的海上加油。「黃蜂」號所搭載的飛機包括 AV-8B 型攻擊機和 CH-53「超級種馬」直升機。

合在一起拼出了5個艦體和上層建築模塊，然後將這些模塊在陸地上連接起來。採用這種施工技術，戰艦有3/4的部分是在下水後完成的。此外，「巴丹」號還是第一艘可以容納女性艦員和海軍陸戰隊員的兩棲攻擊艦，戰艦上總共提供了450名女軍官、士兵和海軍陸戰隊員的舖位以及其他生活設施。

「美國」級

2012年6月，美國新一代兩棲攻擊艦LHA（R）首艦「美國」號正式下水，它將是新世紀美國海軍兩棲攻擊艦的主力。「美國」級最大特點就是裝備有F-35B隱身垂直/短距起降戰鬥機，空中打擊能力增強，作戰能力甚至超過了一般國家的航空母艦，堪稱不是航母的「航母」。

美國海軍從2001年起開始考慮新一代兩棲攻擊艦，以替代已經老舊的「塔拉瓦」級。2007年「美國」號的建造合同簽署，金額超過20億美元，2012年6月首艦正式下水，第一批預計建造4艘，而美國打算最終建10艘「美國」級兩棲攻擊艦。「美國」級是「黃蜂」級放大版，排水量達4.5萬噸。

「美國」級的整體佈局與「黃蜂」級相同，基本上就是「黃蜂」級的放大型，主要變化是它的飛行甲板的尺寸比「黃蜂」級要大，採用更長、更寬的甲板以便容納尺寸更大的艦載機，「美國」級的甲板上有6個起降點，其中4個可以起降V-22傾翼機，左右兩舷各有一個舷側升降機，它的滿載排水量達到了4.5萬噸，吃水增加到9米左右。而「黃蜂」級為4萬噸，吃水8.1米。由於F-35B和V-22也需要更大的停放、維護空間，訓練和作戰的時候消耗的燃料和彈藥更多。

所以「美國」級進一步放大了機庫和油庫、彈藥庫的面積，其機庫在正常情況下可以停放8架F-35B作戰飛機。為了騰出內部空間，同時避免「美國」級的尺寸和噸位進一步放大，控制成本，「美國」級取消了「塔拉瓦」級和「黃蜂」級上面的塢艙，雖然擴大了機庫面積，但它無法使用LCAC氣墊登陸艇。

「美國」級常規模式下飛機搭載方案是：6-10架F-35B、12架MV-22、4架CH-53K重型運輸直他升機、8架AH-1Z以及2架MH-60特戰直升機。

「美國」級無法運送坦克而是通過空中打擊對方坦克，因此就失去了投送M1A1主戰坦克這樣重裝備的

能力，美國人認為憑借自己強大的空中優勢和信息優勢，可以迅速為登陸部隊提供反坦克火力，消除對方的裝甲部隊威脅，如果高威脅環境下，則可以與安東尼奧級船塢登陸艦配合作戰，不過此舉顯然破壞了兩棲攻擊艦的「均衡」裝載的概念，降低了其戰術運用的靈活，屬於為了削減經費的無奈之舉，因此美國有可能為後繼艦艇再增加塢艙，以便讓其具備使用LCAC的能力。

電子及艦載武器方面，「美國」級與「黃蜂」級也基本上相同，艦載雷達包括AN/SPS-48E三坐標對空搜索雷達、AN/SPS-49遠程對空警戒雷達、AN /SPS-67對海搜索雷達、空中交通管制雷達、導航雷達及戰術空中導航系統、其他可能還包括電子支援偵察系統、干擾火箭發射架及魚雷誘餌等，艦載戰術數據處理系統採用了SYS-2綜合防禦系統，它可以綜合所有艦載電子系統獲得的數據，這樣就可以產生統一的戰場態勢圖和目標航跡，可以更好地識別敵我和真假目標，然後統一指揮艦載防禦系統攔截目標。

為了進一步提高艦艇的防禦能力，預計「美國」級還將納入協同交戰能力，可以接收外部信息源，如E-2C預警機可以將相關目標的數據傳遞過來，「美國」級預先將電子設備和武器對準目標來襲方向，這樣進一步提高了對目標的探測和攔截能力，從目前公開的圖像來看，「美國」級的艦載武器相對簡單，包括8聯裝「海麻雀」艦空導彈發射架，「海拉姆」近程艦空導彈發射架和Mk15密集陣近程防禦系統，這樣做的原因主要是控制成本，同時兩棲攻擊艦這樣的艦艇一般都處於編隊艦艇的掩護之下，所以也不需要太多的自衛武器。

考慮到本艦需要作為編隊指揮艦和兩棲作戰指揮艦來使用，所以「美國」級配備有較為完善的指揮控制系統，包括協同交戰系統、LINK-16數據鏈、全球廣播系統和兩棲突擊指揮系統和寬頻傳播系統，並且具備接入美國全球信息網格的能力，具備對戰區內三軍聯合作戰進行指揮控制的能力。

瀕海戰鬥艦

美國海軍資料對瀕海戰鬥艦的描述是：一種小型、快速、相對便宜、操縱性強的水面戰鬥艦，能夠安裝模塊化「即插即戰」任務包，如各種空中、水面和水下航行器。核心船員40人；根據不同的任務包和搭載的飛行器，船員可達75人。沒有安裝任務包的瀕海戰鬥艦就像一輛空卡車，這是其「海上架構」稱呼的來源。與美國海軍的宙斯盾巡洋艦或驅逐艦等多用途軍艦不同，瀕海戰鬥艦是「專注於任務」的軍艦——根據任務安裝不同的任務包，每次只完成一種主要任務。

該級艦目前的主要任務有：水雷戰/反水雷措施；反潛戰；反水面戰。為了加強作戰的靈活性和敏捷性，根據美國海軍的計劃，瀕海戰鬥艦的任務能力可以通過更換任務包而重新設定，據說可以在24小時內完成任務包的更換。

2004年5月27日，海軍將兩份合同分別給予兩個工業團隊——一個由洛克希德·馬丁領導，另一個由通用動力領導，分別建造兩個版本的瀕海戰鬥艦，每個團隊各建造兩艘。這兩種艦的設計完全不同：洛克希德的特點是半滑行全鋼單船體，而上層建築為鋁制；通用動力的特點是全鋁的三體船船體和上層建築。洛克希德團隊負責建造LCS-1和LCS-3（LCS-3後來被取消），通用動力團隊負責建造LCS-2和LCS-4（LCS-4也被取消了）。洛克希德的LCS-1是由威斯康星州馬里內特的馬里內特海事公司建造的，可能的建造夥伴還有路易斯安那州洛克波特的波林格船廠，一旦產量提升，該船廠也會分一杯羹。2009年3月23日，美國海軍發給洛克希德·馬丁公司一筆固定成本激勵獎金合同以重啟LCS-3——該艦由馬里內特海事公司建造，該合同還包括再建造3艘類似「自由」號的瀕海戰鬥艦。同時，通用動力正在亞拉巴馬州莫比爾的奧斯托爾船廠建造自己的瀕海戰鬥艦。

「自由」號2008年11月交付使用，「獨立」號2010年交付使用。

美國海軍制訂了雄心勃勃的長期計劃，要採購55艘瀕海戰鬥艦，很大一部分採用「自由」號的設計。

本圖：2008 年 8 月 28 日，「自由」號在密歇根湖進行海試時拍攝的照片。瀕海戰鬥艦起源於冷戰期間的小型高速艦艇，20 世紀 90 年代進一步發展。無論安裝何種任務包，「自由」號都要能夠在世界上任何地區獨立部署。

左圖:「獨立」級瀕海戰鬥艦是美國海軍建造的瀕海戰鬥艦的一種,由通用動力公司和奧斯塔公司建造。第一艘已經開始服役,第二艘和第三艘也正在建造之中,預計與「自由」級共計建造 55 艘。主要用於全球沿海水域作戰,是一種快速、機動、吃水淺的水面艦艇,具有高度的自動化設計,艦員編制將控制在 100 人以內。該艦的艦體將採用模塊化結構。

跨頁圖:「自由」號在密歇根湖進行海試時拍攝的照片。

左圖:「自由」號用於起降直升機和無人機的大型飛行甲板提高了任務靈活性。

技 術 規 格

尺寸

排水量：滿載排水量 3089 噸

船身尺寸：115.3 米 ×17.4 米 ×4.1 米

武器系統

導彈：1 部 RAM Mk49 21 聯裝發射器，可發
　　　射 RIM-116 旋轉彈體導彈

火炮：1 門 57 毫米 MK110 機關炮

飛行器：兩架 MH-60R/S「海鷹」直升機，
　　　或者 1 架 MH-60 和 3 架「火對抗
　　　措施：力偵察兵」垂直起降戰術無
　　　人機

探測器：WBR-3000 電子支援 / 電子情報系
　　　統，兩部軟殺傷武器系統 / 箔條誘
　　　餌發射裝置

作戰系統：1 部歐洲宇航防務集團（EADS）
　　　的 TRS-3D 空中 / 海面搜索 / 目標
　　　指示雷達，導航陣列

推進系統：COMBATSS-21 作戰管理系統，
　　　開放式架構使其可以兼容各種任
　　　務模塊，集成通信套裝

機械設備：柴燃聯合動力。兩台總功率
　　　72 兆瓦的勞斯萊斯 MT30 燃氣輪
　　　機，兩台總功率 12.8 兆瓦的費爾
　　　班克斯·莫爾斯公司的柯爾特—
　　　皮爾斯蒂克 16PA6B 柴油發動機。
　　　最大機械輸出 113710 馬力，採用
　　　羅爾斯·羅伊斯「卡瓦」153SII 噴
　　　水推進器

速度與航程：設計最大時速 40 節（海試
　　　時超過了 47 節）。以 18 節的
　　　速度可 航行 3500 海里

其他細節：可為 75 名船員提供住宿。核心
　　　船員少於 50 人，另有 25 ～ 30
　　　人根據任務而定

兩棲突擊車

　　目前美國海軍部隊所使用的兩棲突擊車是於20世紀70年代開始服役的LVTP-7，1985年更名為兩棲突擊人員車輛（AAVP-7A1）。兩棲突擊人員車輛是一種裝甲履帶攻擊車輛，用來把海軍陸戰隊員從船上運送到岸上，並送入陸地。由於這種車輛是裝甲車輛，所以能在陸地上起到和M2A1步兵戰車相同的作用，儘管其裝甲更薄一些，且這種更脆弱的裝甲使它更容易受到敵軍炮火的

傷害。這種車輛還能執行運送貨物和救護任務。由於兩棲突擊人員車輛主要生產於20世紀60年代後期到70年代早期，所以儘管在1986年進行了延期服役改造，但還是需要更新換代。由於被很多出現的問題所困擾，新的先進兩棲突擊車在2007年以前沒有進行生產，今後一段時期也無法完全開發出該車輛的全部作業能力。海軍陸戰隊需要花費大約70億美元購買上千輛新的兩棲突擊車。

本圖：美國和韓國軍隊在「雛鷹行動 2000」中，在韓國浦項附近的「篤錫里」（Tok So Ri）海灘附近進行聯合兩棲登陸。

技 術 規 格

數據：AAVP-7A1

速度：陸地 20~30 千米 / 小時，海上 6 千米 / 小時

範圍：陸地 25 英里 / 小時可航程 300 英里，在海上可作業 7 小時

船員：3 名

裝備：1 挺 Mk.19 型 40 毫米通用機槍；1 挺 0.5 英吋口徑通用機槍

承載能力：21 名全副武裝的戰鬥人員或 10000 磅貨物

技 術 規 格

數據：高級 AAV

速度：陸地 45 千米 / 小時，海上 25 節（最大）

範圍：陸地 25 英里 / 小時可航程 300 英里，海上 20 節速度可航程 65 海里

船員：3 名

裝備：1 門「大蟒蛇」Ⅱ 30 毫米機關炮；M2407.62 毫米通用機槍

承載能力：17 名戰鬥裝備人員

右圖：「惠特貝灣」號和「波里夫波特」號（LPD-12）裝載兩棲突擊車在加利福尼亞海岸進行的軍事演習中衝向海灘。

「拉薩爾」級

　　「拉薩爾」級的單一船隻被用於組建AGF-3，目前是指揮艦。但同時「拉薩爾」號是1962—1963年間開始服役的美國最後一艘銳雷級LPD。LPD-3最初的船隻由紐約海軍造船廠建造，由登陸艦和飛機把兩棲攻擊部隊部署到地方海岸上，因此這和之前幾艘特種船隻單獨執行任務的情況完全不同。隨後在賓夕法尼亞州的費城海軍基地，拉薩爾被改裝成現在的指揮控制艦。重大改變包括為艦長和船員建造工作和生活區，並且安裝合適的雷達和指揮控制系統。「拉薩爾」只攜帶防禦性武器，主要以密集陣近程防禦武器系統為主，還有誘導導彈的干擾絲投射器，以及各種機關鎗架。該戰艦還配有直升機平台供那些通常只有一位飛行員的飛機起落。現在，拉薩爾是美國第6艦隊指揮官的旗艦，通常在地中海地區行動，但最近被部署到印度洋。該級別戰艦的母港是意大利的Gaeta。

技 術 規 格

長度：520 英尺
排水量：14650 噸（滿載）
速度：20 節
船員：440 名軍官和船員
裝備：2 個密集陣近程防禦武器系統，4 個通用機槍架，2 門火炮
飛機：1 架輕型單人直升機

「科羅拉多」級

「科羅拉多」級別的單艦開始是作為「奧斯汀」級（LPD）之一出現的。在20世紀60年代中期到70年代早期，「奧斯汀」級由洛克希德造船廠建造，用以取代日漸老化的「銳雷」級LPD艦。「科羅拉多」級最初被設計為LPD-11，但在1980年10月被命令改裝成AGF，以暫時替代當時進行整修的「拉薩爾」（AGF-3）。對「科羅拉多」號（AGF-11）的改裝是由賓夕法尼亞州的費城海軍基地完成的。現在「科羅拉多」被指派為艦隊指揮官和船員們提供通信系統和生活設施。AGFII配備有近程防禦武器系統、對空對地雷達、干擾絲發射器以及各種電子戰系統。與拉薩爾類似的是，「科羅拉多」也作為旗艦——第3艦隊的旗艦，並在大西洋服役，其母港是加利福尼亞的聖迭戈。

上圖：輔助指揮艦「科羅拉多」號返回大海，該艦正在參加 RIMPAC'98 軍事演習，這是在太平洋舉行的大型多國海上軍事演習。

技術規格

長度：570 英尺
排水量：16912 噸（滿載）
速度：21 節
船員：516 名軍官和船員
裝備：2 個密集陣近程防禦武器系統，2 挺 12.7 毫米機槍
飛機：2 架輕型直升機

其他艦艇
Other Vessels

儘管大型戰艦是任何現代海軍的基礎，但海上戰爭的複雜性要求必須有大量的小型艦艇的支持。這些小型艦艇可以分為如下幾類：掃雷艦——在海岸線和內陸水道作業的小型巡邏艇；大量的大型戰鬥支援艦——這些艦艇通過為戰艦供應燃料、彈藥、食品等物資，保證戰艦能繼續執行任務。美國海軍還有自己的特種部隊，這些特種部隊可以利用小型艦艇深入戰區並撤離。本部分還涵蓋了兩種其他類型的艦艇——修護救援船以及考察船。

 # 深潛救生艇

1963年，「長尾鯊」號（Thresher）潛艇失事，所有艇員遇難，導致美國海軍認識到深潛救生艇（DSRV）的重要性。當時的問題是潛艇的潛深是任何救援潛水員無法達到的。隨後，海軍開始實施深水系統項目，並且和洛克希德導彈和空間公司一同進行研發工作。兩艘深潛救生艇中的第一艘「邁斯蒂克」號（DSRV-1）於1970年正式下水，隨後是第二艘「阿瓦龍」號（DSRV-2）。深潛救生艇可以被大型卡車、船隻、飛機或裝在改裝攻擊潛艇艇體上迅速運送到任何事故地點。在事故地點，深潛救生艇會部署到水面船隻或潛艇上。深潛救生艇可以深入極深的水域，利用聲吶搜索目標位置。深潛救生艇還擁有船塢系統，能把自己固定到受損潛艇的艙口上，使艇員逃生，每批可裝載24人。為了方便救援，DSRV還裝備有武器，以清理遮蓋艙口的殘骸和障礙物。此外，還裝備有聯合電纜切割器和提升能力達1000磅的夾具。儘管深潛救生艇的主要任務是幫助美國海軍潛艇，但如果政府認為有必要，也會支援外國船隻。

技術規格

長度：49 英尺
排水量：38 噸
速度：4 節
船員：2 名駕駛員和 2 名救援人員
最大潛水深度：5000 英尺
乘客：24 名（最多）

右圖：美國「洛杉磯」級潛艇「拉霍亞」號（SSN-701）裝載著深潛救生艇「邁斯蒂克」號，在參加潛艇救援演習時開出佐世保港口，日本海岸警備隊執行護衛任務。

軍事海運司令部

美國海軍並不會直接參與指揮眾多的後勤和支援船隻，而是把這些都交給了名為軍事海運司令部（MSC）的組織。軍事海運司令部所屬的船隻大多不裝備武器，而且船員也基本都是平民，但通常會被認為隸屬於美國海軍。一般情況下，軍事海運司令部有大約70艘船在世界各地航行，多數是油輪及各種各樣的貨船，在有危機發生的時候數量還會增加。軍事海運司令部有4個主要的

職責： 首先，預置。在各個潛在的危機地區附近放置並維護海軍陸戰隊、空軍、海軍、陸軍的裝備，主要基地位於地中海、印度洋的迪戈加西亞，以及太平洋的關島。其次，緊急海運。這些船隻大多停靠在美國本土，並用來在發生危機的時候向世界各地運送重裝備。再次，特種任務船隻，包括從鋪設和維修海底電纜到海洋勘探的特種船隻。最後，海軍艦隊輔助部隊（NFAF），可

本圖：「西雅圖」號從日本艦隊支援艦「常磐」號（AOE-423）上接收燃料。

以直接支持軍事行動。海軍艦隊輔助部隊包括醫藥船、快速戰鬥支援艦、補給艦、拖船以及補給油輪。儘管軍事海運司令部是美國海外軍事後勤支持的脊樑，但美國海軍也有自己的類似的小型艦隊，其中包括一艘「基魯埃伊」級軍火船「胡德山」號（AE-29）、「補給」級和「薩克拉門托」級的快速戰鬥支援艦（AOE），以及舷號AS的「斯皮爾」級核潛艇維修供應船。

技 術 規 格

數據：「基魯埃伊」級軍火船
長度：564 英尺
排水量：18088 噸（滿載）
速度：超過 20 節
船員：17 名軍官，366 名其他職銜的人員
裝備：2 個密集陣近程防禦武器系統
飛機：兩架 CH-46「海騎士」直升機

技 術 規 格

數據：「補給」級快速戰鬥支援艦
長度：754 英尺
排水量：48800 噸（滿載）
速度：25 節
船員：40 名軍官，627 名其他職銜的人員
裝備：2 個密集陣近程防禦武器系統；北約海麻雀艦對空導彈；2 門 25 毫米機關炮
飛機：3 架 CH-46「海騎士」直升機

技 術 規 格

數據：「薩克拉曼」多級快速戰鬥支援艦
長度：793 英尺
排水量：53000 噸（滿載）
速度：26 節
船員：24 名軍官，576 名其他職銜的人員
裝備：2個密集陣近程防禦武器系統；北約「海麻雀」艦對空導彈
飛機：3 架 CH-46「海騎士」直升機

技 術 規 格

數據：「斯皮爾」級潛艇維修供應船
長度：644 英尺
排水量：23493 噸（滿載）
速度：20 節
船員：97 名軍官，1266 名其他職銜的人員
裝備：2 門 40 毫米機關炮，4 門 20 毫米機關炮

上圖：澳大利亞皇家海軍「成功」號（AOR-304）與「埃塞克斯」號並排航行進行海上補給。當兩艘船一起穿越赤道的時候，「成功」號輸送了超過 330000 加侖的各種燃料給「埃塞克斯」號。

右圖：「迪爾」
號（T-AO193）
與「尼米茲」號
並排航行，進行
在航補給。

上圖：在快速戰鬥支援艦「薩克拉門托」號傳輸燃料和給養的時候，一位航空軍械師值守在「佩里里」號上的 20 毫米機炮觀望台。遠處背景是一艘提康德羅加級導彈巡洋艦「菲律賓海」號，該艦正在為兩艘進行海上補給行動的戰艦提供防空和保護。3 艘軍艦都在執行「持久自由行動」。

左圖：美國海軍輔助供應船「橋」號帶領（從右開始）「埃利奧特」號、加拿大海軍船隻 HMCS「溫哥華」號（CPF-331），以及美國海軍導彈巡洋艦「羅亞爾港」號（CG-73），一起執行支持「持久自由行動」軍事任務，與斯坦內斯戰鬥群一起航行在海上。

「魚鷹」級

20世紀80年代，美國海軍開始檢查並升級其反魚雷力量，主要致力於新一代的掃雷直升機和兩個級別的掃雷艦，這是近30年來在美國建造的第一種大型掃雷艇。新型掃雷艦之一被命名為「魚鷹」級海岸掃雷艦（MHC）。這種掃雷艦裝備有常規掃雷設備以及強大的切割器，能夠遙控破壞錨泊和沉底水雷。該掃雷艇利用聲吶和視頻系統來定位潛在目標。佐治亞州薩瓦那的美國英特馬林公司得到了MHC-51、52、55、58~61的造船合同，密西西比海灣港的埃文戴勒工業公司得到了MHC53、54、56、57的造船合同。該級別的首「魚鷹」號（MHC-51）於1993年11月20日下水，與其姊妹艇一樣，它的船體採用的是加強玻璃塑鋼。美國海軍有12艘「魚鷹」級MHC，10艘基地在得克薩斯的英格爾賽德（MHC-51~59，62），另外兩艘被部署在海外。「紅雀」號和「渡鴉」號被部署在巴林的麥納麥，這反映出中東和波斯灣地區局勢的不穩定。「魚鷹」級海岸掃雷艇具有15天的自持力。

上圖：軍事海運司令部導彈監視艦「觀察島」號（T-AGM23）泊在珍珠港海軍基地。「觀察島」號在過去幾十年中為眾多美國海軍武器提供了實驗台。

技 術 規 格

長度：188 英尺
排水量：893 噸（滿載）
速度：超過 10 節
船員：5 名軍官；46 名其他職銜的人員
裝備：2 挺 0.5 英吋口徑機槍

「復仇者」級

20世紀80年代初期，美國海軍全面考察其日益老化的反水雷力量，隨著掃雷直升機以及「魚鷹」級海岸掃雷艇的出現，「復仇者」級遠洋掃雷艦的概念逐漸浮出水面。在兩伊戰爭期間，阿拉伯灣充斥的各種水雷威脅到西方國家的石油運輸，這使得對反水雷力量進行全面檢修的需要日益迫切。新型反水雷艦的建造任務交給了兩家公司：威斯康星州鱘魚灣的彼得森造船廠，以及威斯康星州馬里奈特海事公司。掃雷艦的艦體採用包裹玻璃纖維的木質結構，並且裝備有聲吶和視頻陣列來探測水雷，這樣就可以通過常規電纜切割方式和遙控裝置進行掃雷。該級別的首艦「復仇者」

（MCM-1）於1983年9月12日下水，之後陸續有13艘艦下水，最後3艘訂購於1990年。大多數該級別掃雷艦的母港設在得克薩斯州的英格爾賽德（MCM-1~4，6，8~11，14），該基地同時也是海岸掃雷艇的母港。4艘「復仇者」級在海外服役：「保護者」號（MCM-5）和「愛國者」號（MCM-7）的基地位於日本的佐世保，「熱情」號（MCM-12）和「機警」號（MCM-13）被前進部署到波斯灣的巴林麥納麥。「復仇者」號（MCM-1）和「保護者」號遠洋掃雷艦在1990年和1991年的「沙漠盾牌」和「沙漠風暴」行動中發揮了重要作用。

技 術 規 格

長度：188 英尺
排水量：893 噸（滿載）
速度：超過 10 節
船員：5 名軍官；46 名其他職銜的人員
裝備：2 挺 0.5 英吋口徑機槍

上圖：甲板人員從艦隊輔助軍火船「貝克山」號（T-AE34）上搬運貨物，軍火同時被直升機吊運到「杜魯門」號航母的飛行甲板上。

上圖：第20特種艇小隊駕駛著海軍特種戰鬥艇11米剛性船體充氣艇靠近「什里夫波特」號來接海豹突擊隊。

上圖：一輛隸屬於得州虎德堡第一騎兵師的悍馬車正離開「賽德爾門」號（T-AKR 299）。

「旋風」級

　　現在的海岸巡邏艇（PC）只有一種，那就是「旋風」級艇。這種船艇的設計目的是為了執行兩種軍事任務：其一是為了直接保護美國海岸線、海岸水域、港口和航線，其二是為了執行監控任務。海岸巡邏艇與美國海岸衛隊在反毒品和反恐怖巡邏任務中聯合完成了這些使命。「旋風」級主要以英國製造的為埃及海軍聯合服務的「齋目」級巡邏艇為基礎，儘管美國的「旋風」級在外形上有很大不同。這一級別的巡邏艇的排水量更大、更長，巡邏範圍也更大（12節速2500英里，而「齋目」級則是18節速1600英里）。還要求「旋風」級的上層結構應裝備的裝甲達到1英吋厚度。在美國的建造工作由Bollinger造船

下圖：海岸巡邏艇「和風」號（PC-8，後左）、「暴風」號（PC-7，後右）以及「颶風」號（PC-3，前右）停泊在加利福尼亞的聖迭戈海軍基地。

廠完成，該造船廠建造了14艘該級別的巡邏艇，都以強氣流命名。但是，該級別的同名船隻「旋風」號（PC-1）並不屬於海軍，而是於2000年2月28日交給了海岸警衛隊。剩下的船隻基地位於弗吉尼亞利特爾克里克的海軍兩棲基地（PC-2、5、6、9~15）以及加利福尼亞的聖迭戈（PC-3、4、7和8）。所有這些海岸巡邏艇都受海軍特種部隊指揮。

本圖：旋風級海岸巡邏艇是美國海軍巡邏艇的一種，這些艦艇的主要任務是沿海巡邏和攔截監視，也提供了海豹突擊隊和其他特種作戰部隊的任務支持。已退役的艦艇讓給美國沿海警衛隊和菲律賓繼續使用。這些船為海軍特種作戰司令部提供了快速，可靠的平台，可以在低烈度衝突環境中應對緊急需求。截至 2012 年，大部分的船隻都被部署到波斯灣，以應對與伊朗潛在的衝突。

技 術 規 格

長度：170 英尺
排水量：331 噸（滿載）
速度：35 節
船員：4 名軍官，24 名其他級別的人員
裝備：一挺 Mk.96 型 25 毫米機槍，一門 Mk.38 型 25 毫米機槍，5 挺 0.5 英吋口徑機槍，2 個 Mk.19 型 40 毫米榴彈發射器，2 挺 M60 機槍

「保衛」級

打撈救援船「保衛」級被用以支持並替代建造於20世紀70年代並最終1996年退役的三種「伊登頓」級船隻。「保衛」級事故打撈船有4個主要任務：幫助擱淺船隻入水、從深海中撈出物品、拖拽無法移動的船隻到安全地帶，以及幫助人員潛水（最深190英尺）。由於在船前部和中部還裝備有火災監控設備，所以這種船隻還具有救火能力。這些設備可以利用海水和泡沫來應對任何形式的火災，並且該船的儲藏艙中的設備還能幫助泵水、修補船體以及發電。首船「保衛」號（ARS-50）於1985年8月16日入水，該級別共4艘船隻都由彼得森造船廠建造，採用被覆的全鋼船體，8節航速可達8000英里，其起重傳

下圖：母港為諾福克的救援打撈船「勾篙」號（ARS-53）正在進行接收試航。

動裝置包括7.5噸吊力的前吊桿和40噸吊力的後吊桿。該級船的母港位於夏威夷州的珍珠港（2艘）以及弗吉尼亞州的利特爾克里克（2艘）。儘管「保衛」級主要用於救援部署於世界各地的美國海軍和政府船隻，但如果任務符合美國利益，同時也會幫助一些外國船隻。近年來，事故打撈船也參與了一些海上空難救援任務。

技術規格

長度：255 英尺
排水量：3282 噸（滿載）
速度：14 節
裝備：2 挺 0.5 英吋口徑機槍，2 挺 Mk.38
　　　型 25 毫米機槍

下圖：「保衛」級（ARS-50）的艇艉圖，該船正在干船塢準備進行大修和維護。

上圖：在輔助救援打撈船「抓緊」號（ARS-51）上進行的救火演習中，一級軍需官卡斯·沙舒爾勒（Cass Shuschuller）穿上他的防火裝備服。

剛性船體充氣艇

　　美國海軍現役的最小型船隻中，剛性船體充氣艇（RHIB）主要用於運送小型特種部隊（主要是海豹突擊隊）到敵方海岸進行滲透和撤離。對於這種任務，首要的是速度和具備全天候能力。剛性船體充氣艇裝備兩具卡特彼勒3126DITA渦輪增壓，中冷式6缸柴油發動機，最大速度可達40節。為了增加其航海能力，RHIB採用了複合材料，以及加強纖維充氣管船舷，極大提高了浮力。這些船只能在最惡劣的海上條件下工作，可以應對速度達45節的海風，儘管實際上海軍在海風時速達到34節以上時就無法執行戰鬥任務。剛性船體充氣艇可以被部署到很多種大型戰艦上，尤其是兩棲戰艦，活動範圍最大可達200海里，這樣，其母艦與目標就有了極佳的安全距離。儘管主要用於海豹突擊隊的秘密行動，但剛性船體充氣艇也可以被用來作為內河和海岸巡邏船隻，尤其適用於只能容納兩艘甚至更少船隻的內陸水域。

技術規格

長度：35 英尺 11 英吋
排水量：17400 磅（滿載）
速度：超過 40 節
船員：3 人
裝備：一挺 7.62 毫米 M60 機槍；1 挺 M2 型 0.5 英吋口徑機槍；1 架 Mk.19 型 40 毫米自動手榴彈
　　　發射器

巡邏艇

美國海軍有三種級別的應急艇（YP）——YP6-54、YP-676及YP-696級。YP-676、YP-696級實質上是完全相同的，並且比YP-654級大。所有這些類型的船隻都承擔訓練和研究任務。以前，應急艇主要在馬里蘭州安納波利斯的美國海軍學院以及佛羅里達州彭薩科拉預備軍官學校使用。這些船隻被用來教授海軍學校的學生和預備軍官們海上技能、基本掌控損失能力及航海技能。應急艇也可以由基地位於華盛頓基波特的海軍水下戰鬥中心分部人員駕駛。利用這一船隻，可以完成從測量水下目標和魚雷噪聲到在魚雷測試中統計聲音目標、利用儀器測量海水成分和溫度的任務。YP-654由史蒂芬兄弟公司和伊麗莎白城造船廠建造，而YP-676和YP-696由彼得森造船廠和馬里內特造船公司建造。所有船隻都是木質船體、鋁制上層結構，採用12V-71N型底特律柴油機驅動雙螺旋槳。所有這些船隻的最大航程都能達到1800海里，但在良好條件下，它們可以在5天內以12節的航速不加油航行1400海里。

技 術 規 格

數據：YP-654 級	數據：YP-676 和 YP-696 級
長度：81 英尺	長度：108 英尺
排水量：66 噸（滿載）	排水量：不明
速度：12 節	速度：12 節
範圍：1800 海里（最大）	範圍：1800 海里（最大）
船員：2 名軍官；8 名其他職銜的人員	船員：2 名軍官，4 名其他職銜的人員
承載能力：50 人（最多）	承載能力：50 人（最多）

Mk.V型特種作戰艇

這些快速、輕型船的設計目的是把美國特種部隊送入和撤離那些對任何執行特種任務的部隊都可以構成一定威脅的環境。購買Mk.V型的項目受到美國特種作戰司令部的特種行動採購執行委員會的監督，並在簽訂最初的建造合同後，僅花費18個月就建造完成第一艘該級別的特種作戰艇。Mk.V型主要由美國海軍海豹突擊隊使用，是隸屬於海軍特種戰爭特種艇中隊的眾多特種艇之一。這些作戰艇可以在短時間內被部署到世界上的任何地區，並且可以由貨運飛機、兩棲戰鬥艦運送到任一行動地點，如果行動地點在它們停靠的基地附近，它們也可以自行抵達。Mk.V型艇通常組成包括2艘艇的分遣隊，包括各自的船員和支援部分。這些分遣隊隨時準備在接到通知後的48小時內抵達目的地，如果情況危急，甚至可以在24小時內抵達。在行動中，它們可以岸上設施、有甲板的船隻或裝備有合適的起重機和充足甲板空間的水面船隻為基地。除了滲透—撤離任務外，這種艇還可以被用來在海岸和內陸水域執行日常巡邏、監控、和查禁任務。

技術規格

長度：82 英尺
排水量：57 噸
速度：50 節

本圖：一架隸屬於HCS-4「紅狼」直升機戰鬥搜索救援／特種作戰支持中隊的HH-60H「海鷹」直升機部署海豹突擊隊員到Mk.V攻擊艇上。

考察船

美國海軍擁有很多不配備武器，可進行水面和水下作業的船隻，分為有人和無人兩種，用來進行海洋研究和對新設備的評估性試航。NR-1深海潛艇的任務是進行深海地理勘探、海底地圖測繪、搜索和救援以及安裝水下設備。儘管能在作業地點停留很長時間，但考察船必須由母船拖到作業區。「海豚」號（AGSS-555）是海軍唯一的一艘柴油動力深海潛艇，用於設備評估、海洋勘探以及武器試驗。「海豚」號主要用於新技術實驗，可以攜帶多達12噸設備，母港是聖迭戈。儘管它是海軍船隻，但也被用來進行民用和科學研究工作。LSV-2（大型船隻2）在2000年11月被命名為「殺手」號，這是一艘無人駕駛的潛艇，主要作為潛艇技術的實驗平台。該艇可進行隱形、水動力、水聲、推進系統的測試和實驗，取得的成果未來可能被美國海軍潛艇使用。該艇的基地在愛達荷州的聲學研究分部，並由美國海軍戰爭研究中心卡德洛克分部直接指揮，在龐多雷湖進行作業。「海麻雀」是由海軍、高級研究項目機構以及洛克希德導彈和空間系統公司聯合研製的水面船隻。該船採用的是雙體結構設計，具有隱形特點，被用來對高端技術進行測試，比如控制、自動操作以及適航性技術。

技術規格

數據：「海豚」號
長度：165 英尺
排水量：950 噸（滿載）
潛水深度：3000 英尺
船員：5 名軍官，46 名其他職銜的人員，5 位科學家
下水日期：1968 年 8 月 17 日

數據：「海麻雀」
長度：164 英尺
排水量：560 噸（滿載）
船員：10 名軍官和其他職銜的人員

數據：LSV-2——大型船 2
長度：111 英尺
排水量：205 噸

數據：NR-1 深水潛水艇
長度：567 英尺
排水量：400 噸
速度：4 節（潛水）
潛水深度：2375 英尺
船員：2 名軍官，3 名其他職銜的人員，2 位科學家
開始服役日期：1969 年 10 月 27 日

附錄：當代美國海軍主力艦艇

航母

CVN-78	「傑拉德・R. 福特」號
CVN-79	「約翰・F. 肯尼迪」號
CVN-80	未命名
CVN-68	「尼米茲」號
CVN-69	「德懷特・D. 艾森豪威爾」號
CVN-70	「卡爾・文森」號
CVN-71	「西奧多・羅斯福」號
CVN-72	「亞伯拉罕・林肯」號
CVN-73	「喬治・華盛頓」號
CVN-74	「約翰・C. 斯坦尼斯」號
CVN-75	「哈瑞・S. 杜魯門」號
CVN-76	「隆納・里根」號
CVN-77	「喬治・H.W. 布什」號

巡洋艦

CG-47	「提康德羅加」號
CG-48	「約克城」號
CG-49	「文森斯」號
CG-50	「福吉谷」號
CG-51	「托馬斯・S. 蓋茨」號
CG-52	「邦克山」號
CG-53	「莫比爾灣」號
CG-54	「安提坦」號
CG-55	「萊特灣」號
CG-56	「聖哈辛托」號
CG-57	「張伯倫湖」號
CG-58	「菲律賓海」號
CG-59	「普林斯頓」號
CG-60	「諾曼底」號
CG-61	「蒙特里」號
CG-62	「切斯勞維爾」號
CG-63	「考彭斯」號
CG-64	「葛底斯堡」號
CG-65	「喬辛」號
CG-66	「順化市」號
CG-67	「希洛」號
CG-68	「安齊奧」號
CG-69	「維克斯堡」號
CG-70	「伊利湖」號
CG-71	「聖喬治角」號
CG-72	「維拉灣」號
CG-73	「皇家港」號

驅逐艦

DDG-1000	朱姆沃爾特」號
DDG-1001	「邁克爾・蒙蘇爾」號
DDG-1002	「林登・約翰遜」號
DDG-51	「阿利・伯克」號
DDG-52	「巴里」號
DDG-53	「約翰・保羅・瓊斯」號
DDG-54	「柯蒂斯・威爾伯」號
DDG-55	「斯托特」號
DDG-56	「約翰・S. 麥凱恩」號
DDG-57	「米徹爾」號

DDG-58	「拉邦」號	DDG-88	「霍雷貝爾」號
DDG-59	「拉塞爾」號	DDG-89	「馬斯廷」號
DDG-60	「保羅・漢密爾頓」號	DDG-90	「查菲」號
DDG-61	「拉梅奇」號	DDG-91	「平克尼」號
DDG-62	「菲茨傑拉德」號	DDG-92	「莫姆森」號
DDG-63	「斯特西姆」號	DDG-93	「鍾雲」號
DDG-64	「卡尼」號	DDG-94	「尼采」號
DDG-65	「本福爾德」號	DDG-95	「詹姆斯・E. 威廉斯」號
DDG-66	「岡薩雷斯」號	DDG-96	「班布里奇」號
DDG-67	「科爾」號	DDG-97	「哈爾西」號
DDG-68	「沙利文」號	DDG-98	「福里斯特・捨曼」號
DDG-69	「米利厄斯」號	DDG-99	「法拉格特」號
DDG-70	「霍珀」號	DDG-100	「基德」號
DDG-71	「羅斯」號	DDG-101	「格里德利」號
DDG-72	「馬漢」號	DDG-102	「桑普森」號
DDG-73	「迪凱特」號	DDG-103	「特魯斯頓」號
DDG-74	「麥克福爾」號	DDG-104	「斯特雷特」號
DDG-75	「唐納德・庫克」號	DDG-105	「杜威」號
DDG-76	「希金斯」號	DDG-106	「史托戴爾」號
DDG-77	「奧凱恩」號	DDG-107	「格雷夫利」號
DDG-78	「波特」號	DDG-108	「韋恩・E. 邁耶」號
DDG-79	「奧斯卡・奧斯汀」號	DDG-109	「賈森・鄧漢」號
DDG-80	「羅斯福」號	DDG-110	「威廉・P. 勞倫斯」號
DDG-81	「溫斯頓・S. 丘吉爾」號	DDG-111	「斯普魯恩斯」號
DDG-82	「拉森」號	DDG-112	「邁克爾・墨菲」號
DDG-83	「霍華德」號	DDG-113	「約翰・芬號」號
DDG-84	「巴爾克利」號	DDG-114	「拉夫・詹森」號
DDG-85	「麥坎貝爾」號	DDG-115	「拉斐爾・比拉達」號
DDG-86	「肖普」號	DDG-116	「湯馬士・哈德拿」號
DDG-87	「梅森」號		

潛艇

SSGN-726	「俄亥俄」號	SSBN-731	「亞拉巴馬」號
SSGN-727	「密歇根」號	SSBN-732	「阿拉斯加」號
SSGN-728	「佛羅里達」號	SSBN-733	「內華達」號
SSGN-729	「佐治亞」號	SSBN-734	「田納西」號
SSBN-730	「亨利・M. 傑克遜」號	SSBN-735	「賓夕法尼亞」號

SSBN-736	「西弗吉尼亞」號	SSN-696	「紐約城」號
SSBN-737	「肯塔基」號	SSN-697	「印第安納波利斯」號
SSBN-738	「馬里蘭」號	SSN-698	「佈雷默頓」號
SSBN-739	「內布拉斯加」號	SSN-699	「傑克遜維爾」號
SSBN-740	「羅德島」號	SSN-700	「達拉斯」號
SSBN-741	「緬因」號	SSN-701	「拉霍亞」號
SSBN-742	「懷俄明」號	SSN-702	「菲尼克斯」號
SSBN-743	「路易斯安那」號	SSN-703	「波士頓」號
SSN-21	「海狼」號	SSN-704	「巴爾的摩」號
SSN-22	「康涅狄格」號	SSN-705	「科珀斯克里斯蒂城」號
SSN-23	「吉米·卡特」號	SSN-706	「阿爾伯克基」號
SSN-774	「弗吉尼亞」號	SSN-707	「樸次茅斯」號
SSN-775	「得克薩斯」號	SSN-708	「明尼阿波利斯」號
SSN-776	「夏威夷」號	SSN-709	「海曼·G.里科弗」號
SSN-777	「北卡羅來納」號	SSN-710	「奧古斯塔」號
SSN-778	「新罕布什爾」號	SSN-711	「舊金山」號
SSN-779	「新墨西哥」號	SSN-712	「亞特蘭大」號
SSN-780	「密蘇里」號	SSN-713	「休士頓」號
SSN-781	「加利福尼亞」號	SSN-714	「諾福克」號
SSN-782	「密西西比」號	SSN-715	「布法羅」號
SSN-783	「明尼蘇達」號	SSN-716	「鹽湖城」號
SSN-784	「北達科他州」號	SSN-717	「奧林匹亞」號
SSN-785	「約翰·沃納」號	SSN-718	「火奴魯魯」號
SSN-786	「伊利諾伊」號	SSN-719	「普羅維登斯」號
SSN-787	「華盛頓」號	SSN-720	「匹茲堡」號
SSN-788	「科羅納多」號	SSN-721	「芝加哥」號
SSN-789	「印第安納」號	SSN-722	「基韋斯特」號
SSN-790	「南達科他」號	SSN-723	「俄克拉荷馬城」號
SSN-791	未命名	SSN-724	「路易斯維爾」號
SSN-688	「洛杉磯」號	SSN-725	「海倫娜」號
SSN-689	「巴吞魯日」號	SSN-750	「紐波特紐斯」號
SSN-690	「費城」號	SSN-751	「聖胡安」號
SSN-691	「孟菲斯」號	SSN-752	「帕薩迪納」號
SSN-692	「奧馬哈」號	SSN-753	「奧爾巴尼」號
SSN-693	「辛辛那提」號	SSN-754	「托皮卡」號
SSN-694	「格羅頓」號	SSN-755	「邁阿密」號
SSN-695	「伯明翰」號	SSN-756	「斯克蘭頓」號

SSN-757	「亞歷山德里亞」號	SSN-766	「夏洛特」號
SSN-758	「阿什維爾」號	SSN-767	「漢普頓」號
SSN-759	「傑斐遜城」號	SSN-768	「哈特福德」號
SSN-760	「安納波利斯」號	SSN-769	「托萊多」號
SSN-761	「斯普林菲爾德」號	SSN-770	「圖森」號
SSN-762	「哥倫布」號	SSN-771	「哥倫比亞」號
SSN-763	「聖菲」號	SSN-772	「格林維爾」號
SSN-764	「博伊西」號	SSN-773	「夏延」號
SSN-765	「蒙彼利埃」號		

佩里級巡防艦

FFG-7	「奧利弗·哈澤德·佩里」號	FFG-30	「里德」號
FFG-8	「麥金納尼」號	FFG-31	「斯塔克」號
FFG-9	「沃茲沃思」號	FFG-32	「約翰·L.霍爾」號
FFG-10	「鄧肯」號	FFG-33	「賈勒特」號
FFG-11	「克拉克」號	FFG-34	「奧勃雷·費茲」號
FFG-12	「喬治·菲利普」號	FFG-35	「悉尼」號
FFG-13	「塞繆爾·埃里奧·莫里森」號	FFG-36	「安德伍德」號
FFG-14	「塞德茲」號	FFG-37	「克羅姆林」號
FFG-15	「埃斯托欽」號	FFG-38	「柯茨」號
FFG-16	「克利夫頓·斯普拉格」號	FFG-39	「多伊爾」號
FFG-17	「阿德雷德」號	FFG-40	「哈利伯頓」號
FFG-18	「堪培拉號」號	FFG-41	「麥克拉斯基」號
FFG-19	「約翰·A.摩爾」號	FFG-42	「克拉格林」號
FFG-20	「安特里姆」號	FFG-43	「撒奇」號
FFG-21	「弗拉特利」號	FFG-44	「達爾文」號
FFG-22	「法利昂」號	FFG-45	「德·沃特」號
FFG-23	「劉易斯·B.普勒」號	FFG-46	「倫茲」號
FFG-24	「傑克·威廉斯」號	FFG-47	「尼古拉斯」號
FFG-25	「科普蘭」號	FFG-48	「范德格里夫特」號
FFG-26	「加勒里」號	FFG-49	「羅伯特·佈雷德利」號
FFG-27	「瑪倫·S.代爾」號	FFG-50	「泰勒」號
FFG-28	「布恩」號	FFG-51	「加里」號
FFG-29	「斯蒂芬·格羅維斯」號	FFG-52	「卡爾」號

FFG-53	「霍斯」號	FFG-58	「塞繆爾·羅伯茨」號
FFG-54	「福特」號	FFG-59	「考夫曼」號
FFG-55	「埃爾羅德」號	FFG-60	「羅德尼·戴維斯」號
FFG-56	「辛普森」號	FFG-61	「英格拉姆」號
FFG-57	「魯本·詹姆斯」號		

旋風級海岸巡邏艇

PC-1	「旋風」號	PC-8	「和風」號
PC-2	「暴風雨」號	PC-9	「奇努克風」號
PC-3	「颶風」號	PC-10	「火奴箭」號
PC-4	「季候風」號	PC-11	「龍捲風」號
PC-5	「颱風」號	PC-12	「霹靂」號
PC-6	「熱風」號	PC-13	「夏馬爾」號
PC-7	「暴風」號	PC-14	「狂風」號

獨立級瀕海戰鬥艦

LCS-2	「獨立」號	LCS-8	「蒙哥馬利」號
LCS-4	「科羅納多」號	LCS-10	「加布里埃爾吉福茲」號
LCS-6	「傑克遜」號	LCS-12	「奧馬哈」號

自由級瀕海戰鬥艦

LCS-1	「自由」號	LCS-7	「底特律」號
LCS-3	「沃斯堡」號	LCS-9	「小石城」號
LCS-5	「密爾沃基」號	LCS-11	「蘇城」號

黃蜂級兩棲攻擊艦

LHD-1	「黃蜂」號	LHD-5	「巴丹」號
LHD-2	「埃塞克斯」號	LHD-6	「好人理查德」號
LHD-3	「奇爾沙治」號	LHD-7	「硫磺島」號
LHD-4	「拳師」號	LHD-8	「馬金島」號

塔拉瓦級兩棲攻擊艦

LHA-1	「塔拉瓦」號	LHA-4	「拿騷」號
LHA-2	「塞班」號	LHA-5	「佩利洛」號
LHA-3	「貝勞·伍德」號		

聖安東尼奧級兩棲船塢運輸艦

LPD-17	「聖安東尼奧」號	LPD-23	「安克雷奇」號
LPD-18	「新奧爾良」號	LPD-24	「阿林頓」號
LPD-19	「梅薩維德」號	LPD-25	「薩默塞特」號
LPD-20	「綠灣」號	LPD-26	「約翰·P.默撒」號
LPD-21	「紐約」號	LPD-27	未命名
LPD-22	「聖地亞哥」號		

奧斯汀級船塢登陸艦

LPD-4	「奧斯汀」號	LPD-10	「朱諾」號
LPD-5	「奧格登」號	LPD-11	「科羅納多」號
LPD-6	「德魯斯」號	LPD-12	「什里夫波特」號
LPD-7	「克利夫蘭」號	LPD-13	「納什維爾」號
LPD-8	「迪比克」號	LPD-14	「特倫頓」
LPD-9	「丹佛」號	LPD-15	「龐塞」號

哈珀斯費里級船塢登陸艦

LSD-49	「哈珀斯·費里」號	LSD-51	「奧克希爾」號
LSD-50	「卡特霍爾」號	LSD-52	「珍珠港」號

惠德貝島級船塢登陸艦

LSD-41	「惠德貝島」號	LSD-45	「康斯托克」號
LSD-42	「日耳曼城」號	LSD-46	「托爾圖加」號
LSD-43	「麥克亨利堡」號	LSD-47	「拉什摩爾」號
LSD-44	「岡斯頓廳」號	LSD-48	「阿希蘭」號

小弗蘭克·S.貝松將軍級後勤支援船

LSV-1	「小弗蘭克·S.貝松將軍」號	LSV-5	「查爾斯·P.格羅斯少將」號
LSV-2	「哈羅德·C.克林傑」號	LSV-6	「詹姆斯·A.路易斯」號
LSV-3	「布里恩·B.薩默維爾將軍」號	LSV-7	「羅伯特·T.黑田中將」號
LSV-4	「威廉·B.邦克將軍」號	LSV-8	「羅伯特·斯莫爾斯少將」號

先鋒級聯合高速船

JHSV-1	「先鋒」號	JHSV-4	「福爾里弗」號
JHSV-2	「喬克托縣」號	JHSV-5	「堅決」號
JHSV-3	「米利諾基特」號		

復仇者級掃雷艦

MCM-1	「復仇者」號	MCM-8	「偵察兵」號
MCM-2	「防禦者」號	MCM-9	「先鋒」號
MCM-3	「哨兵」號	MCM-10	「勇士」號
MCM-4	「冠軍」號	MCM-11	「角鬥士」號
MCM-5	「衛士」號	MCM-12	「熱心」號
MCM-6	「破壞者」號	MCM-13	「敏捷」號
MCM-7	「愛國者」號	MCM-14	「首席」號

拉尼米德級大型登陸艇

LCU-2001	「拉尼米德」號	LCU-2019	「多納爾森堡」號
LCU-2002	「肯尼索山」號	LCU-2020	「麥克亨利堡」號
LCU-2003	「梅肯」號	LCU-2021	「大布里奇」號
LCU-2004	「坎德里耶」號	LCU-2022	「哈珀斯費里」號
LCU-2005	「白蘭地站」號	LCU-2023	「霍布柯克」號
LCU-2006	「布里斯托站」號	LCU-2024	「霍米格羅斯」號
LCU-2007	「布羅德魯恩」號	LCU-2025	「馬文山」號
LCU-2008	「布埃納文圖拉」號	LCU-2026	「馬塔莫羅斯」號
LCU-2009	「卡拉巴扎」號	LCU-2027	「梅卡尼克斯維爾」號
LCU-2010	「錫達魯恩」號	LCU-2028	「教士嶺」號
LCU-2011	「奇克哈默尼」號	LCU-2029	「梅林諾·德拉·雷」號
LCU-2012	「奇克索河口」號	LCU-2030	「蒙特雷」號
LCU-2013	「楚魯巴斯科」號	LCU-2031	「新奧爾良」號
LCU-2014	「科阿莫」號	LCU-2032	「帕洛阿爾托」號
LCU-2015	「孔特雷拉斯」號	LCU-2033	「保羅斯·霍克」號
LCU-2016	「科林斯」號	LCU-2034	「佩里維爾」號
LCU-2017	「埃爾·凱尼」號	LCU-2035	「哈德遜港」號
LCU-2018	「法布福克斯」號		

LCAC-1級氣墊登陸艇

LCAC-1 74